用机床加工零件项目化教程

——（德）机床加工零件学习领域
Fertigenvon Einzelteilenmit Werkzeugmaschinen

主　编	车君华	李培积	李　莉
副主编	曾　茜	王　勇	李长本
	刘亚丽	丁明辉	徐西华
参　编	孟　皎	付　敏	刘连杰
	李常峰	李大庆	张泽衡
	冀永帅	郭　红	万　震
	任梦羽		

北京理工大学出版社
BEIJING INSTITUTE OF TECHNOLOGY PRESS

图书在版编目（CIP）数据

用机床加工零件项目化教程/车君华，李培积，李莉主编. —北京：北京理工大学出版社，2019.8

ISBN 978 - 7 - 5682 - 7433 - 3

Ⅰ．①用…　Ⅱ．①车…②李…③李…　Ⅲ．①金属切削 - 高等学校 - 教材

Ⅳ．①TG506

中国版本图书馆 CIP 数据核字（2019）第 178253 号

出版发行／北京理工大学出版社有限责任公司	
社　　址／北京市海淀区中关村南大街 5 号	
邮　　编／100081	
电　　话／（010）68914775（总编室）	
（010）82562903（教材售后服务热线）	
（010）68948351（其他图书服务热线）	
网　　址／http：//www. bitpress. com. cn	
经　　销／全国各地新华书店	
印　　刷／北京国马印刷厂	
开　　本／787 毫米×1092 毫米　1/16	
印　　张／14	责任编辑／多海鹏
字　　数／330 千字	文案编辑／多海鹏
版　　次／2019 年 8 月第 1 版　2019 年 8 月第 1 次印刷	责任校对／周瑞红
定　　价／55.00 元	责任印制／李志强

前　言

本教材是针对普通机床设备加工技术，结合理实一体化课程教学经验编写而成的。教材编写以学生为中心，以培养普通机床设备操作技能为主线，综合应用知识与技能完成系统的工作过程与工作任务。任务实施结合"四步教学法"和"六步教学法"，以一个综合任务为依托，强化学生的职业行动能力及生产情景下的"信息搜集，制订计划、决策，实施管控、检查、成果评估"等工作能力；同时，在课程实施中注重学生思维体系引导，将质量意识、6S管理、安全文明生产等精神贯穿于课程实施全过程，以提升学生解决问题的能力和操作技能水平。

本教程以平口钳的五个加工任务（任务二～任务六）以及6S管理（任务一）为主线，综合应用制造技术、制造工艺、机械制图、金属材料等知识，以"引导文教学法"，将理论与实践操作、教与学完美结合，将知识内容与任务实施分成了两个相互独立又必然联系的部分，本书重点以学生工作任务页引导学生在"做"任务的同时，理解、消化知识，并培养操作技能；同时可在做任务的过程中，查阅书本知识，激发学生的学习能动性，培养学生的学习能力。

本书由车君华、李培积、李莉担任主编，曾茜、王勇、李长本、刘亚丽、丁明辉、徐西华为副主编，孟皎、付敏、刘连杰、李常峰、李大庆、张泽衡、冀永帅、郭红、万震、任梦羽参与编写，同时得到合作单位AHK–上海、费斯托（FESTO）、斯蒂尔（STIHL）、博世（BOSCH）等的大力支持。

由于编者水平有限，书中难免会出现不足和错误之处，敬请广大读者批评指正。

编　者

目　　录

第一篇　项目知识库

第二篇　项目工作页

第一篇
项目知识库

知识一　安全与管理知识

图 1-1-1 所示为 6S 管理循环图。

图 1-1-1　6S 管理循环图

一、车削的安全生产与防护

（一）个人防护装备（见图 1-1-2）

▲ 安全帽

▲ 发网（必要情况下）

▲ 防护眼镜

▲ 紧身工作服

▲ 防护鞋

▲ 听力防护装置（处于噪声大的环境时）

（二）工作台及设备

车削工作台应配备必要的加工工具、设备以及个人防护装备。

对于工作台应注意以下几点：

（1）在工作范围内应有良好的照明。

（2）在操作范围内应保持足够的空间。

（3）在操作范围内不应有切屑。

（4）冷却液不能滴到地面。

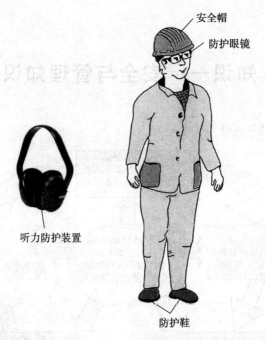

安全帽
防护眼镜
听力防护装置
防护鞋

图 1 - 1 - 2　个人防护装备

（三）工作台工具

▲ 车刀

▲ 量具

▲ 车床锉刀 DIN7261

▲ 尼龙锤

▲ 铁屑钩

▲ 螺帽扳手

▲ 油壶

▲ 手动油压机

▲ 毛刷

▲ 扫帚

（四）劳动安全的注意事项

为了避免对个人以及他人的伤害，在每个工作岗位上都应注意安全操作注意事项。最具权威的是由同业工伤事故保险联合会所制定的劳动保护法规。

制定这些规章的意义在于，提高操作人员对事故风险的意识，从而避免事故的发生。

（五）机械加工主要的劳动保护法规

1. 车削

（1）对于第一次的车床操作，必须听从指令。

（2）应穿紧身工作服，戴好防护眼镜，禁止戴手套。如有需要，还应戴发网。

（3）选用合适的夹具。工件与刀具必须夹紧。夹紧扳手必须取出，并且放好。

（4）正式加工前应对车床进行试运转。

（5）车床在较低的转速下进行运转，对平衡差进行比较。

（6）通过开关控制走刀距，必须正确设置具体的走刀和转速。

（7）仔细排除切屑，如图1-1-3所示。

（8）禁止在加工过程中进行测量。

（9）禁止用手来制动卡盘。

（10）只有在车床停止时才可以进行清洁。

（11）清理切屑时应使用铁屑钩。

（12）禁止使用压缩空气进行清洁。

（13）多余的冷却液要及时清理。

（14）发生意外时应使用急停按钮，马上停机。

（15）每次发生意外时都应及时报备。

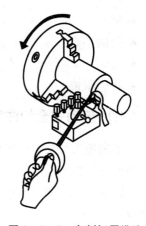

图1-1-3　车削切屑排除

2. 钻削

（1）工件、钻头必须装夹牢固。

（2）选取合适的切削参数。

（3）调速和测量前，必须停车。

（4）钻削时禁止用手直接接触钻头、工件及清理铁屑。

（5）禁止随意打开钻床配电箱。

二、铣削的安全生产与防护

（一）铣削工作台所配备的工具

铣削工作台应配备必要的加工工具、设备以及个人防护装备。

▲ 刀架

▲ 铣削刀具

▲ 夹具

▲ 寻边器

▲ 平行块

▲ 量具

▲ 锉刀

▲ 手锤/尼龙锤

▲ 螺帽扳手

▲ 油壶

▲ 带柄小刷

▲ 毛刷

▲ 防护眼镜

（二）劳动安全的注意事项

为了避免人身及物品的损伤，在每个工作岗位上都应遵守安全操作注意事项，其中一部分是由同业工伤事故保险协会所制定的劳动保护法规。

制定这些规章的目的在于，提高操作人员对事故风险的意识，从而避免在铣削加工中发生事故。

（三）铣削加工主要的劳动保护法规

1. 铣削

（1）对于第一次铣床操作必须听从指令，禁止随意打开铣床配电箱。

（2）禁止佩戴首饰。

（3）工作时应穿紧身工作服，戴防护眼镜，如有需要还应戴发网。

（4）只有在装夹工件时才能佩戴手套。

（5）选用合适的夹具，工件和工具必须夹紧，铣床摇柄必须及时取下。

（6）操作前应对机器功能进行检测。

（7）必须正确设置加工参数。

（8）禁止在加工过程中进行测量。

（9）只有在铣床停止时才可以进行清洁。

（10）清理切屑时要使用毛刷（不能使用压缩空气）。

（11）多余的冷却液要及时清理。

（12）发生意外时应使用急停按钮，马上停机。

（13）发生意外时应及时报备。

2. 磨削

（1）工件必须装夹、吸合牢固。

（2）选取合适的切削参数。

（3）调速和测量前，必须停车。

（4）磨削时禁止用手直接接触工件、砂轮及清理铁屑。

（5）禁止随意打开磨床配电箱。

3. 砂轮机

（1）禁止戴手套操作。

（2）禁止两人同时使用一块砂轮。

（3）必须戴防护眼镜。

4. 配电柜

（1）学生禁止操作配电柜。

（2）配电柜柜门随时保持闭合状态。

（3）电气设备检修时应断开总电源，并在柜门粘贴检修标识。

5. 消防安全

（1）严禁在车间内和油库附近吸烟。

（2）禁止明火作业。

（3）禁止占用疏散通道。

（4）禁止随意挪动消防器材。

（5）禁止乱接电线、电器。

（6）熟悉灭火器等消防器材的使用方法。

（7）定期检查灭火器。

三、环境保护及合理的能源使用

对于环境的保护和对操作者的安全保护是同样重要的。如果只有一些表面规定是远远不够的。

为了减轻对环境的影响以及降低成本，必须合理使用材料和能源。

（1）确定合适的工件尺寸。

（2）选择合适的切削速度，正确设置主轴转速和进给速度。

（3）加工时应注意工艺顺序。

（4）使用适合的工件和材料。

（5）机器停转时，关闭所有的电源。

（6）按要求使用适量的冷却液。

在清理时应注意：

（1）铜、铝以及塑料的切屑应放置于对应的容器中。

（2）润滑液应放置于专门的容器中。

（3）带油污的抹布应分开放置。

（4）冷却液应放置于专门的容器中。

四、车间的 6S 管理

（一）钳工台 6S 管理

钳工台 6S 管理规范：工作台及地面保持整洁、干净，无铁屑、垃圾、污物等；虎钳口自然合上，手柄自然下垂；照明灯整齐、自然弯曲下垂；电源插口保持闭合；气源手柄保持关闭状态，如图 1-1-4 所示。

（二）钳工台工具橱 6S 管理

工具橱内物品存放如图 1-1-5 所示（图 1-1-5（a）~1-1-5（d）所示分别为第一层、第二层、第三层、第四层），实训结束后，工具橱应关闭锁好（见图 1-1-5（e））。

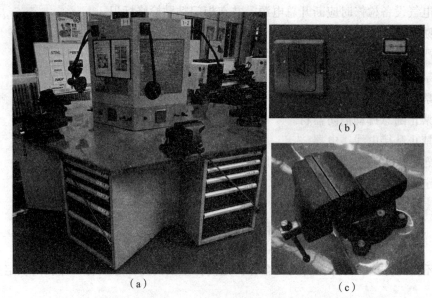

（a）

（b）

（c）

图 1 - 1 - 4 　 钳工台 6S 管理规范

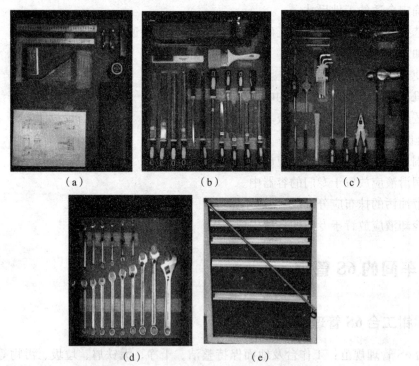

（a）　　　　　　　　（b）　　　　　　　　（c）

（d）　　　　　　　　（e）

图 1 - 1 - 5 　 钳工台工具橱 6S 管理规范

（三）车床、车床工具橱 6S 管理

　　车床及工具橱 6S 管理规范：卡盘扳手、压刀扳手及时取下；卡盘自然咬合，溜板箱靠近尾座部位；车床导轨、铁屑盘、地面等整洁、干净，无铁屑、垃圾等，如图 1 - 1 - 6 和图 1 - 1 - 7 所示。

图 1-1-6 普通车床 6S 管理规范

第一层		A—35°车刀； B—45°车刀； C—90°车刀； D—4 mm 车槽刀； E—自制白钢车槽刀； F—车刀垫片； G—（备用）； H—车孔刀； L—滚花刀； M—（备用）； N—0~25 mm 外径千分尺； O—200 mm 游标卡尺
第二层		A，B—钻夹头； C—活顶尖； D，E，G，H，L—套丝工具及板牙 （板牙规格为M5、M6、M8、M10、 M12）； F—钻头、铰刀、变径锥套； M—卡盘扳手； N—压刀扳手； O—加力杆； P—毛刷
第三层		A—铁钩。 本层可以灵活使用，存放一些材料或 工件，但是必须摆放整齐，保持整洁， 定期清理

图 1-1-7 普通车床工具橱 6S 管理规范

（四）铣床 6S 及工具橱管理规范

铣床摇柄、平口钳扳手、上刀扳手等应及时取下，并将上述工具连同橡胶锤放于铣床左侧工具盒内，工具盒内禁止放入其他垃圾、杂物等；垫块及时取下并放入垫块盒内；铣床虎钳、工作台、底座内无工具、量具、垫块、铁屑、垃圾等；机床踏板放于铣床前摆正；工具橱内物品按照标示摆放，定期清理并保持整洁。如图 1-1-8 和图 1-1-9 所示。

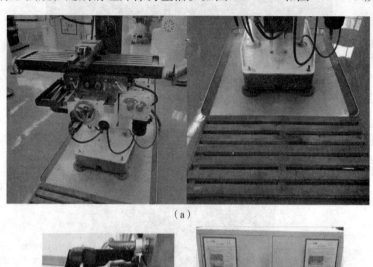

（a）

（b）

（c）

图 1-1-8　普通铣床 6S 管理规范

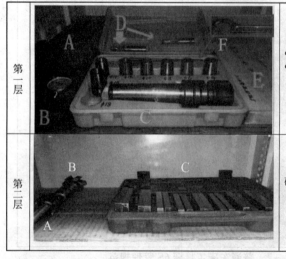

第一层	A—磁性表座； B—百分表； C—刀柄（配有 $\phi 4$ mm、$\phi 6$ mm、$\phi 8$ mm、$\phi 10$ mm、$\phi 12$ mm、$\phi 14$ mm、$\phi 16$ mm 的弹性夹头）； D—铣刀（常用）； E—深度游标卡尺； F—装/卸刀扳手
第二层	A—$\phi 30$ 铣刀（焊接式硬质合金）； B—$\phi 30$ 铣刀（高速钢）； C—平行垫铁（一套）

图 1-1-9　普通铣床工具橱 6S 管理规范

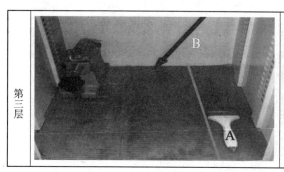

第
三
层

A—毛刷;
B—装刀拉杆。

本层可以灵活使用,存放
一些材料或工件,但是必须
摆放整齐,保持整洁,定期
清理

图 1-1-9 普通铣床工具橱 6S 管理规范(续)

(五)钻床及工具橱 6S 管理规范

钻钳放置于钻床工作台,各个手柄归位;划线平台上应只留有方箱、高度游标卡尺,且两者应位于平台中部;钻头、丝锥、铰刀等刀具按标示插入钻头盒内;保持操作台及地面无铁屑、垃圾;工具橱内物品按照标示摆放,定期整理并保持整洁。如图 1-1-10 和图 1-1-11 所示。

(a)

(b)

(c)

图 1-1-10 钻床 6S 管理规范

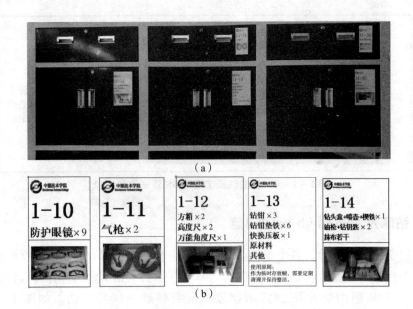

图 1-1-11 钻床工具橱 6S 管理规范

(六) 卫生工具管理 6S 规范

做好分类，扫帚、簸箕以及金属屑按标示要求进行存放，保持垃圾桶及周围地面清洁干净，如图 1-1-12 所示。

图 1-1-12 卫生工具 6S 管理规范

知识二　钳工加工知识库

钳工的主要工作是手持工具对夹紧在钳工工作台虎钳上的工件进行切削加工，它是机械制造中的重要工种之一。

一、钳工的基本操作

（一）辅助性操作

辅助性操作，即划线，它是根据图样在毛坯或半成品工件上划出加工界线的操作，如图 1 - 2 - 1 和图 1 - 2 - 2 所示。

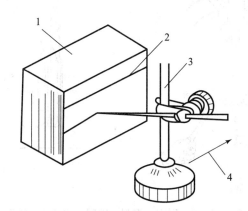

图 1 - 2 - 1　划线

1—工件；2—线；3—划线盘；4—移动方向

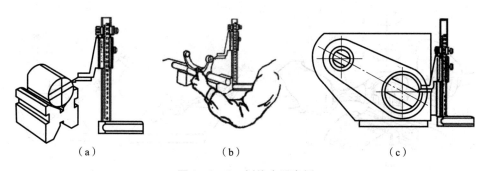

（a）　　　　　　　　（b）　　　　　　　　（c）

图 1 - 2 - 2　划线应用案例

（a）划偏心线；（b）划拨叉轴；（c）划箱体

（二）切削性操作

切削性操作包括錾削、锯削、锉削、攻螺纹、套螺纹、钻孔（扩孔、铰孔）、刮削和研磨等多种操作，如图1-2-3和图1-2-4所示。

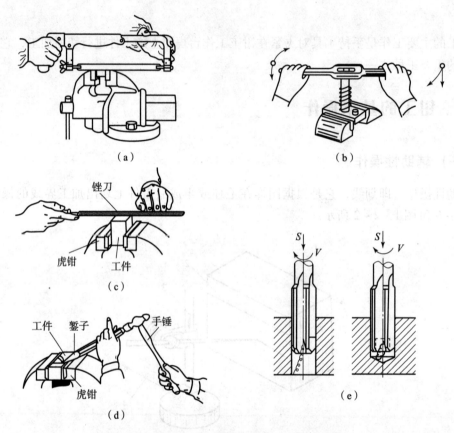

图1-2-3 錾削、锯削、锉削、攻螺纹、铰孔

（a）锯削；（b）攻螺纹；（c）锉削；（d）錾削；（e）铰孔

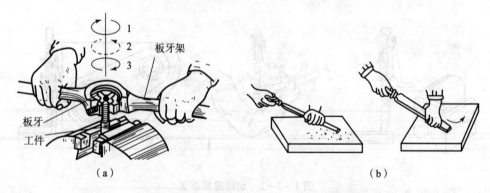

图1-2-4 套螺纹、钻孔、刮削和研磨

（a）套螺纹；（b）刮削

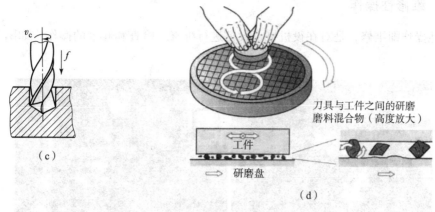

刀具与工件之间的研磨
磨料混合物（高度放大）

工件

研磨盘

（d）

图1-2-4 套丝、钻孔、刮削和研磨（续）

（c）钻孔；（d）研磨

（三）装配性操作

装配性操作即装配，其是将零件或部件按图样技术要求组装成机器的工艺过程，如图1-2-5所示。

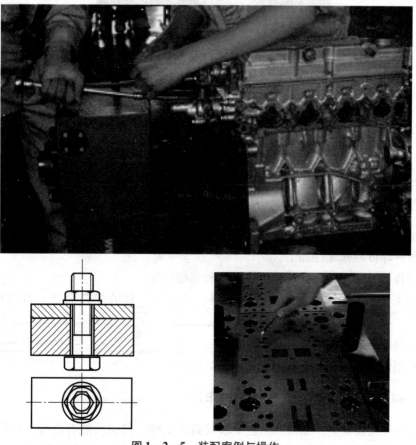

图1-2-5 装配案例与操作

（四）维修性操作

维修性操作即维修，是对在役机械、设备进行维修、检查和修理的操作，如图 1 - 2 - 6 所示。

（a） （b）

（c）

图 1 - 2 - 6 维修案例

二、钳工工作范围及在机械制造与维修中的作用

（一）普通钳工工作范围

（1）加工前的准备工作，如清理毛坯及在毛坯或半成品工件上划线等。

（2）单件零件的修配性加工。

（3）零件装配时的钻孔、铰孔、攻螺纹和套螺纹等。

（4）加工精密零件，如刮削或研磨机器、量具和工具的配合面及夹具与模具的精加工等。

（5）零件装配时的配合修整。

（6）机器的组装、试车、调整和维修等。

（二）钳工在机械制造和维修中的作用

钳工是一种比较复杂、细微、工艺要求较高的工种。目前虽然有各种先进的加工方法，但钳工所用的工具简单、加工灵活多样、操作方便、适应面广，故有很多工作仍需要由钳工来完成，如前面所讲的钳工应用范围的工作。因此，钳工在机械制造及机械维修中有着特殊的、不可取代的地位。但钳工操作的劳动强度大，生产效率低，且对工人技术水平要求较高。

三、钳工工作台和虎钳

（一）钳工工作台

钳工工作台简称钳台，常用硬质木板或钢材制成，要求坚实、平稳，台面高度为 800 ~ 900 mm，台面上装虎钳和防护网，如图 1 - 2 - 7 所示。

（a） （b） （c）

图 1 - 2 - 7 各类钳工工作台

（a）六角工作台；（b）单面工作台；（c）双面工作台

（二）虎钳

虎钳是用来夹持工件的工具，其规格以钳口的宽度来表示，常用的有 100 mm、125 mm 和 150 mm 三种，如图 1 - 2 - 8 所示，使用虎钳时应注意：

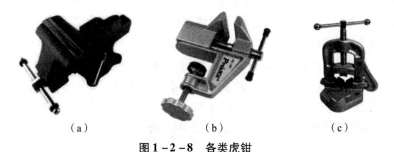

（a） （b） （c）

图 1 - 2 - 8 各类虎钳

（a）台虎钳；（b）快速虎钳；（c）管虎钳

（1）尽量夹在工件中部，以使钳口受力均匀。

（2）夹紧后的工件应稳定可靠，便于加工，且不产生变形。

（3）夹紧工件时，一般只允许依靠手的力量来扳动手柄，不能用手锤敲击手柄或随意套上长管子来扳手柄，以免丝杠、螺母或钳身损坏。

（4）不要在活动钳身的光滑表面进行敲击作业，以免降低配合性能。

（5）加工时用力方向最好是朝向固定钳身。

四、攻螺纹、套螺纹及其注意事项

常用的三角螺纹工件,其螺纹除采用机械加工外,还可以用钳工加工中的攻螺纹和套螺纹方法来获得。攻螺纹(亦称攻丝)是用丝锥在工件内圆柱面上加工出内螺纹,如图1-2-9(a)所示;套螺纹(或称套丝、套扣)是用板牙在圆柱杆上加工出外螺纹,如图1-2-10所示。

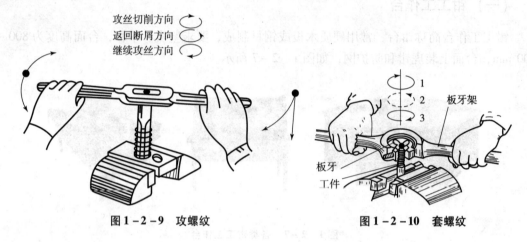

图1-2-9 攻螺纹   图1-2-10 套螺纹

(一)攻螺纹

1. 丝锥及铰杠

1)丝锥

丝锥是用来加工较小直径内螺纹的成形刀具,一般选用合金工具钢9SiGr制成,并经热处理淬硬。通常M6~M24的丝锥一套为两支,称头锥、二锥;M6以下及M24以上的丝锥一套有三支,即头锥、二锥和三锥。每个丝锥都由工作部分和柄部组成。工作部分由切削部分和校准部分组成。轴向有几条(一般是三条或四条)容屑槽,相应地形成几瓣刀刃(切削刃)和前角。切削部分(即不完整的牙齿部分)是切削螺纹的重要部分,常磨成圆锥形,以便使切削负荷分配在几个刀齿上。头锥的锥角小些,有5~7个牙;二锥的锥角大些,有3~4个牙。校准部分具有完整的牙齿,用于修光螺纹和引导丝锥沿轴向运动。柄部有方头,其作用是与铰杠相配合并传递扭矩,如图1-2-11所示。

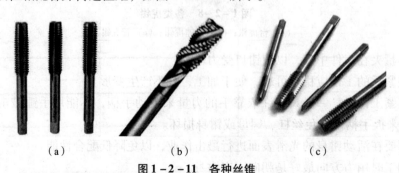

(a)   (b)   (c)

图1-2-11 各种丝锥

(a)直柄丝锥;(b)螺旋丝锥;(c)螺尖丝锥

2）铰杠

铰杠是用来夹持丝锥的工具，常用的是可调式铰杠。旋转手柄即可调节方孔的大小，以便夹持不同尺寸的丝锥。铰杠长度应根据丝锥尺寸大小进行选择，以便控制攻螺纹时的扭矩，防止丝锥因施力不当而扭断，如图 1 - 2 - 12 所示。

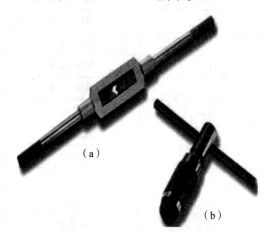

（a）

（b）

图 1 - 2 - 12　各种铰杠

（a）普通铰杠（TT - 01）；（b）J 型铰杠（TT - 02）

2. 攻螺纹前钻底孔直径和深度的确定以及孔口的倒角

1）**底孔直径的确定**

丝锥在攻螺纹的过程中，切削刃主要是切削金属，但还有挤压金属的作用，因而造成金属凸起并向牙尖流动的现象，所以攻螺纹前，钻削的孔径（即底孔）应大于螺纹内径。底孔的直径可查表 1 - 2 - 1 或按下面的经验公式计算：

脆性材料（铸铁、青铜等）：

$$钻孔直径 d_0 = d（螺纹外径）- 1.1p（螺距）$$

塑性材料（钢、紫铜等）：

$$钻孔直径 d_0 = d（螺纹外径）- p（螺距）$$

表 1 - 2 - 1　公制螺纹参数选择　　　　mm

公制螺纹			
粗牙		细牙	
螺纹尺寸	底孔直径	螺纹尺寸	底孔直径
M2.5 × 0.45	2.1	M2.5 × 0.35	2.12
M3 × 0.5	2.5	M3 × 0.35	2.62
M4 × 0.7	3.3	M4 × 0.5	3.46
M5 × 0.8	4.2	M5 × 0.5	4.46
M6 × 1	5.0	M6 × 0.75	5.2
M8 × 1.25	6.7	M8 × 0.75	7.2
M10 × 1.5	8.4	M10 × 1	8.9
M12 × 1.75	10.2	M12 × 1	10.9

公制螺纹			
粗牙		细牙	
螺纹尺寸	底孔直径	螺纹尺寸	底孔直径
M14×2	11.9	M14×1.5	12.4
M16×2	13.9	M16×1.5	14.4
M18×2.5	15.3	M18×1.5	16.4
M20×2.5	17.3	M20×1.5	18.4
M24×3	20.8	M24×1.5	22.4
M27×3	23.8	M27×1.5	25.4
M30×3.5	26.3	M30×1.5	28.4
M36×4	31.7	M36×1.5	34.4
M42×4.5	37.2	M42×1.5	40.4
M48×5	42.6	M48×2	45.8

2）钻孔深度的确定

攻盲孔（不通孔）的螺纹时，因丝锥不能攻到底，所以孔的深度要大于螺纹的长度，如图 1-2-13 所示，盲孔的深度可按下面的公式计算：

$$孔的深度 = 所需螺纹的长度 + 0.7d$$

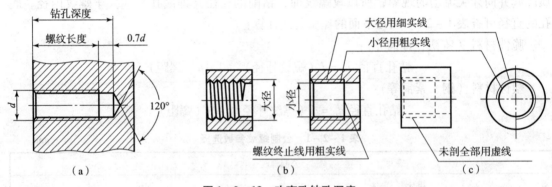

图 1-2-13 攻盲孔钻孔深度

（a）不穿通的螺纹孔；（b）剖开画法；（c）不剖画法

3）孔口倒角

攻螺纹前要在钻孔的孔口进行倒角，如图 1-2-14 所示，以利于丝锥的定位和切入。倒角的深度应大于螺纹的螺距。

3. 攻螺纹的操作要点及注意事项

攻螺纹的操作要点如图 1-2-15 所示。

（1）根据工件上螺纹孔的规格，正确选择丝锥，先头锥后二锥，不可颠倒使用。

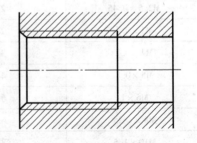

图 1-2-14 孔口倒角

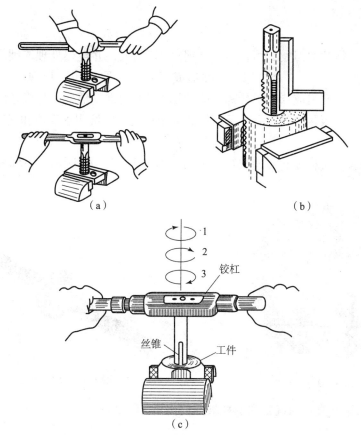

图 1-2-15 攻螺纹的操作要点

（2）工件装夹时，要使孔中心垂直于钳口，防止螺纹攻歪。

（3）用头锥攻螺纹时，先旋入1~2圈后，再检查丝锥是否与孔端面垂直（可目测或用直角尺在互相垂直的两个方向检查）。当切削部分已切入工件后，每转1~2圈应反转1/4圈，以便切屑断落；同时不能再施加压力（即只转动不加压），以免丝锥崩牙或攻出的螺纹齿较窄。

（4）攻钢件上的内螺纹，要加机油润滑，以使螺纹光洁及延长丝锥的使用寿命；攻铸铁上的内螺纹可不加润滑剂，或者加煤油；攻铝及铝合金、紫铜上的内螺纹，可加乳化液。

（5）不要用嘴直接吹切屑，以防切屑飞入眼内。

（二）套螺纹

套螺纹的操作如图1-2-16所示。

图 1-2-16 套螺纹

1. 板牙和板牙架

1）板牙

板牙是加工外螺纹的刀具，用合金工具钢 9SiGr 制成，并经热处理淬硬。其外形像一个圆螺母，只是上面钻有 3～4 个排屑孔，并形成刀刃，如图 1－2－17 所示。板牙由切屑部分、定位部分和排屑孔组成。圆板牙螺孔的两端有 40°的锥度部分，是板牙的切削部分。定位部分起修光作用。板牙的外圆有一条深槽和 4 个锥坑，锥坑用于定位和紧固板牙。

2）板牙架

板牙架是用来夹持板牙、传递扭矩的工具，如图 1－2－18 所示。不同外径的板牙应选用不同的板牙架。

图 1－2－17　板牙　　　　　　　　图 1－2－18　板牙架

2. 套螺纹前圆杆直径的确定和圆杆端部的倒角

1）圆杆直径的确定

与攻螺纹相同，套螺纹时有切削作用，也有挤压金属的作用，故套螺纹前必须检查圆杆直径。圆杆直径应稍小于螺纹的公称尺寸，可查表或按经验公式计算。

经验公式：

$$圆杆直径 = 螺纹外径\ d - (0.13 \sim 0.2) 螺距\ p$$

2）圆杆端部的倒角

套螺纹前圆杆端部应倒角，使板牙容易对准工件中心，同时也容易切入。倒角长度应大于一个螺距，斜角为 15°～30°，如图 1－2－19 所示。

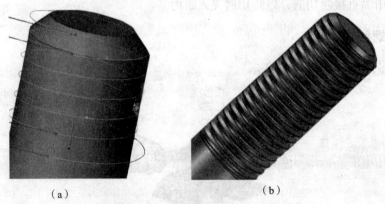

（a）　　　　　　　　　　　（b）

图 1－2－19　套螺纹圆杆端部的倒角

（a）套螺纹前；（b）套螺纹后

3. 套螺纹的操作要点和注意事项

套螺纹的操作要点如图 1 – 2 – 20 所示。

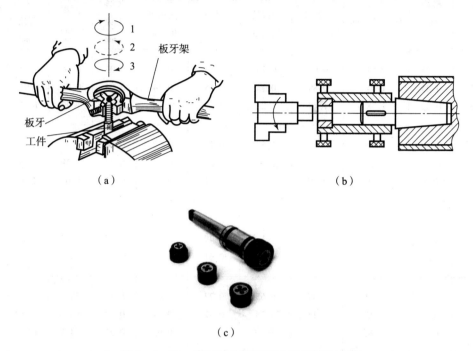

（a）

（b）

（c）

图 1 – 2 – 20 套螺纹的操作及机床套螺纹工具

（a）手工套螺纹；（b）机床套螺纹；（c）机床套螺纹工具

（1）每次套螺纹前应将板牙排屑槽内及螺纹内的切屑清除干净。

（2）套螺纹前要检查圆杆直径大小和端部倒角。

（3）套螺纹时切削扭矩很大，易损坏圆杆的已加工面，所以应使用硬木制的 V 形槽衬垫或用厚铜板作保护片来夹持工件。工件伸出钳口的长度在不影响螺纹要求长度的前提下，应尽量短。

（4）套螺纹时，板牙端面应与圆杆垂直，操作时用力要均匀。开始转动板牙时，要稍加压力，套入 3 ~ 4 牙后可只转动而不加压，并经常反转，以便断屑。

（5）在钢制圆杆上套螺纹时要加机油润滑。

普通螺纹：国家标准中，把牙型角 $\alpha = 60°$ 的三角形米制螺纹称为普通螺纹，大径 d 为公称直径。同一公称直径可以有多种螺距的螺纹，其中螺距最大的称为粗牙螺纹，其余都称为细牙螺纹，粗牙螺纹应用最广。细牙螺纹的小径大、升角小，因而自锁性能好、强度高，但不耐磨、易滑扣，适用于薄壁零件、受动载荷部位的连接和连接机构的调整。在螺纹名称上只标出缩写字母 M 和标称直径的为粗牙螺纹，见表 1 – 2 – 2，例如 M16；在标称直径相同的情况下，细牙螺纹还要标出螺距，例如 M16 × 1.5。

表 1 - 2 - 2　粗牙螺纹的基本尺寸

螺纹标记 $d = D$/mm	螺距 p/mm	中径 $D_2 = D_2$/mm	小径		螺纹深度		圆弧牙底半径 R/mm	应力面积 S/mm²	螺纹底孔钻头直径 /mm	六角扳手开口度/mm
			外螺纹 d_3/mm	内螺纹 D_1/mm	外螺纹 h_3/mm	内螺纹 H_1/mm				
M1	0.25	0.84	0.69	0.73	0.15	0.14	0.04	0.46	0.75	—
M1.2	0.25	1.04	0.89	0.93	0.15	0.14	0.04	0.73	0.95	—
M1.6	0.35	1.38	1.17	1.22	0.22	0.19	0.05	1.27	1.25	3.2
M2	0.4	1.74	1.51	1.57	0.25	0.22	0.06	2.07	1.6	4
M2.5	0.45	2.21	1.95	2.01	0.28	0.24	0.07	3.39	2.05	5
M3	0.5	2.68	2.39	2.46	0.31	0.27	0.07	5.03	2.5	5.5
M4	0.7	3.55	3.14	3.24	0.43	0.38	0.10	8.78	3.3	7
M5	0.8	4.48	4.02	4.13	0.49	0.43	0.12	14.2	4.2	8
M6	1	5.35	4.77	4.92	0.61	0.54	0.14	20.1	5.0	10
M8	1.25	7.19	6.47	6.65	0.77	0.68	0.18	36.6	6.8	13
M10	1.5	9.03	8.16	8.38	0.92	0.81	0.22	58.0	8.5	16
M12	1.75	10.86	9.85	10.11	1.07	0.95	0.25	84.3	10.2	18
M16	2	14.70	13.35	13.84	1.23	1.08	0.29	157	14	24
M20	2.5	18.38	16.93	17.29	1.53	1.35	0.36	245	17.5	30
M24	3	22.05	20.32	20.75	1.84	1.62	0.43	353	21	36
M30	3.5	27.73	25.71	26.21	2.15	1.89	0.51	561	26.5	46
M36	4	33.40	31.09	31.67	2.45	2.17	0.58	817	32	55
M42	4.5	39.08	36.48	37.13	2.76	2.44	0.65	1 121	37.5	65
M48	5	44.75	41.87	42.59	3.07	2.71	0.72	1 473	43	75
M56	5.5	52.43	49.25	50.05	3.37	2.89	0.79	2 030	50.5	85
M64	6	60.10	56.64	57.51	3.68	3.25	0.87	2 676	58	95

五、钻孔技术

（一）钻床

　　各种零件的孔加工，除去一部分由车、镗、铣等机床完成外，很大一部分是由钳工利用钻床和钻孔工具（钻头、扩孔钻、铰刀等）完成的，钳工加工孔的方法一般指钻孔、扩孔和铰孔。用钻头在实体材料上加工孔叫钻孔。通常在钻床上钻孔时，钻头应同时完成两个运动：主运动，即钻头绕轴线的旋转运动（切削运动）；辅助运动，即钻头沿着轴线方向对着工件的直线运动（进给运动）。钻孔时，主要由于钻头结构上存在的缺点，影响加工质量，其加工精度一般在 IT10 级以下，表面粗糙度为 $Ra12.5~\mu m$ 左右，属粗加工。常用的钻床有台式钻床、立式钻床和摇臂钻床三种，如图 1-2-21 所示，手动电钻也是常用的钻孔工具。

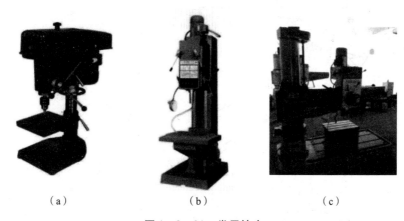

（a） （b） （c）

图 1-2-21 常用钻床

（a）台钻；（b）立钻；（c）万向摇臂钻

1. 台式钻床

台式钻床，简称台钻，是一种在工作台上作用的小型钻床，其钻孔直径一般在 13mm 以下。由于加工的孔径较小，故台钻的主轴转速一般较高，最高转速可达约 10 000 r/min，最低也在 400 r/min 左右。主轴的转速可通过改变三角胶带在带轮上的位置来调节。台钻的主轴进给由转动进给手柄实现。在进行钻孔前，需根据工件高低调整好工作台与主轴架间的距离，并锁紧固定。台钻小巧灵活，使用方便，结构简单，主要用于加工小型工件上的各种小孔。它在仪表制造、钳工加工和装配中用得较多。

2. 立式台钻

立式台钻，简称立钻，这类钻床的规格用最大钻孔直径表示。与台钻相比，立钻刚性好、功率大，因而允许钻削较大的孔，生产率较高，加工精度也较高。立钻适用于单件、小批量生产中加工中、小型零件。

3. 摇臂钻床

它有一个能绕立柱旋转的摇臂，摇臂带着主轴箱可沿立柱垂直移动，同时主轴箱还能在摇臂上做横向移动。因此，操作时能很方便地调整刀具的位置，以对准被加工孔的中心，而不需要移动工件来进行加工。摇臂钻床适用于一些笨重的大工件以及多孔工件的加工。

（二）钻头

钻头是钻孔用的切削工具，常用高速钢制造，工作部分经热处理淬硬至 62~65HRC。钻头一般由柄部、颈部及工作部分组成，如图 1-2-22 所示。

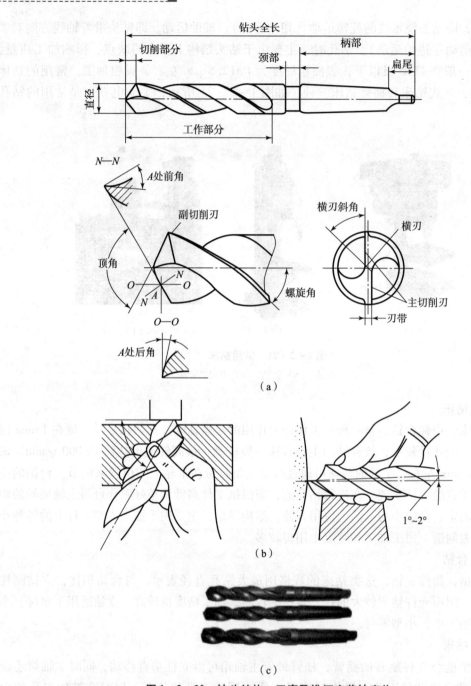

图1-2-22 钻头结构、刃磨及锥柄麻花钻实物
（a）钻头结构；（b）标准麻花钻的刃磨方法；（c）锥柄麻花钻

1. 柄部

柄部是钻头的夹持部分，起传递动力的作用，柄部有直柄和锥柄两种。直柄传递扭矩较小，一般用于直径小于 12 mm 的钻头；锥柄可传递较大扭矩（主要是靠柄的扁尾部分），用于直径大于 12 mm 的钻头。

2. 颈部

颈部是砂轮磨削钻头时退刀用的，钻头的直径大小等一般也刻在颈部。

3. 工作部分

工作部分包括导向部分和切削部分。导向部分有两条狭长、螺纹形状的刃带（棱边亦即副切削刃）和螺旋槽。棱边的作用是引导钻头和修光孔壁；两条对称螺旋槽的作用是排除切屑和输送切削液（冷却液）。切削部分有两条主切削刃和一条横刃。两条主切削刃之间的夹角通常为 $118° \pm 2°$，称为顶角。横刃的存在使钻削时轴向力增加，所以在刃磨钻头时要修磨横刃或钻大孔时应先钻底孔，以减小因横刃产生的轴向阻力。

（三）钻孔用的夹具

1. 钻头夹具

常用的钻头夹具是钻夹头和钻套，如图 1 – 2 – 23 所示。

（a）　　　　　　　　　　　　　　　（b）

图 1 – 2 – 23　钻头夹具

（a）钻夹头；（b）钻套

（1）钻夹头：适用于装夹直柄钻头。钻夹头柄部是圆锥面，可与钻床主轴内孔配合安装；头部三个爪可通过紧固扳手转动，使其同时张开或合拢。

（2）钻套：又称变径套，用于装夹锥柄钻头。钻套一端的孔安装钻头，另一端外锥面接钻床主轴内锥孔。

2. 工件夹具

常用的工件夹具有手虎钳、平口钳、V 形铁和压板等，如图 1 – 2 – 24 所示。

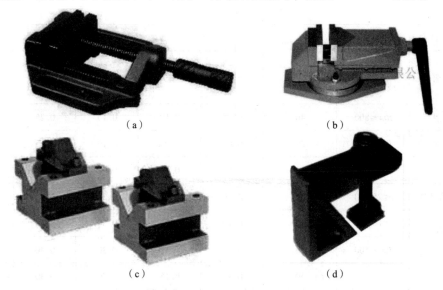

（a）　　　　　　　　　　　　　　　（b）

（c）　　　　　　　　　　　　　　　（d）

图 1 – 2 – 24　常用工件夹具

（a）手虎钳；（b）平口钳；（c）V 形铁；（d）压板

装夹工件要牢固可靠，但又不准将工件夹得过紧而损伤工件，或使工件变形而影响钻孔质量（特别是薄壁工件和小工件）。

（四）钻孔操作

（1）钻孔前一般先划线，确定孔的中心，并在孔中心先用冲头打出较大的中心眼。

（2）钻孔时应先钻一个浅坑，以判断是否对中。

（3）在钻削过程中，特别是钻深孔时，要经常退出钻头以排除切屑和进行冷却，否则可能使切屑堵塞或钻头过热磨损甚至折断，并影响加工质量。

（4）钻通孔，当孔将被钻透时，进刀量要减小，避免钻头在钻穿时瞬间抖动，出现"啃刀"现象，影响加工质量，损伤钻头，甚至发生事故。

（5）钻削较大的孔应分两次钻，第一次先钻第一个直径较小的孔，第二次用钻头将孔扩大到所要求的直径。

（6）钻削时的冷却润滑：钻削钢件时常用机油或乳化液；钻削铝件时常用乳化液或煤油；钻削铸铁时常采用煤油。

（五）扩孔与铰孔

1. 扩孔

扩孔用以扩大已加工出的孔（铸出、锻出或钻出的孔），它可以校正孔的轴线偏差，并使其获得正确的几何形状和较小的表面粗糙度，其加工精度一般为 IT10 ~ IT9 级，表面粗糙度 $Ra = 3.2 ~ 6.3 \ \mu m$，扩孔的加工余量一般为 0.2 ~ 4 mm，具体参数可参照表 1 - 2 - 3。

表 1 - 2 - 3　钻头与铰刀的切削参数

HSS 麻花钻钻孔的标准值						
工件材料		切削速度 $v_c/$ (m·min^{-1})	钻孔直径 d/mm				
材料组别	抗拉强度 Rm 或硬度 HB		2 ~ 3	>3 ~ 6	>6 ~ 12	>12 ~ 25	>25 ~ 50
			进给量 $f/$ (mm·r^{-1})				
低强度钢	$Rm \leqslant 800$	40	0.05	0.10	0.15	0.25	0.35
高强度钢	$Rm > 800$	20	0.04	0.08	0.10	0.15	0.20
不锈钢	$Rm \leqslant 800$	12	0.03	0.06	0.08	0.12	0.18
铸铁、可锻铸铁	$\leqslant 250HB$	20	0.10	0.20	0.30	0.40	0.60
铝合金	$Rm \leqslant 350$	45	0.10	0.20	0.30	0.40	0.60
铜合金	$Rm \leqslant 500$	50	0.10	0.15	0.30	0.40	0.60
热塑塑料	—	50	0.10	0.15	0.30	0.40	0.60
热固塑料	—	25	0.05	0.10	0.18	0.27	0.35

HSS 铰刀铰孔的标准值								相对于 d 的铰削余量/mm	
工件材料		切削速度	钻孔直径 d/mm						
材料组别	抗拉强度 Rm 或硬度 HB	v_c/ (m·min^{-1})	2~3	>3~6	>6~12	>12~25	>25~50	≤20	>20~50
			进给量 f/(mm·r^{-1})						
低强度钢	$Rm \leqslant 800$	15	0.06	0.12	0.18	0.32	0.50	0.20	0.30
高强度钢	$Rm > 800$	10	0.05	0.10	0.15	0.25	0.40		
不锈钢	$Rm \leqslant 800$	8	0.05	0.10	0.15	0.25	0.40		
铸铁、可锻铸铁	≤250HB	15	0.06	0.12	0.18	0.32	0.50		
铝合金	$Rm \leqslant 350$	26	0.10	0.18	0.30	0.50	0.80		
铜合金	$Rm \leqslant 500$	26	0.10	0.18	0.30	0.50	0.80	0.30	0.60
热塑塑料	—	14	0.12	0.20	0.35	0.60	1.00		
热固塑料	—	14	0.12	0.20	0.35	0.60	1.00		

硬质合金刀具铰孔的标准值								相对于 d 的铰削余量/mm	
工件材料		切削速度	钻孔直径 d/mm						
材料组别	抗拉强度 Rm 或硬度 HB	v_c/ (m·min^{-1})	2~3	>3~6	>6~12	>12~25	>25~50	≤20	>20~50
			进给量 f/(mm·r^{-1})						
低强度钢	$Rm \leqslant 800$	15	0.06	0.12	0.18	0.32	0.50	0.20	0.30
高强度钢	$Rm > 800$	10	0.05	0.10	0.15	0.25	0.40		
不锈钢	$Rm \leqslant 800$	10	0.10	0.15	0.15	0.25	0.40		
铸铁、可锻铸铁	≤250HB	25	0.12	0.18	0.28	0.50	0.80		
铝合金	$Rm \leqslant 350$	30	0.12	0.20	0.35	0.50	1.00		
铜合金	$Rm \leqslant 500$	30	0.12	0.20	0.35	0.50	1.00	0.30	0.60
热塑塑料	—	30	0.12	0.20	0.35	0.50	1.00		
热固塑料	—	30	0.12	0.20	0.35	0.50	1.00		

硬质合金钻头钻孔的标准值								
工件材料		切削速度	钻孔直径 d/mm					
材料组别	抗拉强度 Rm 或硬度 HB	v_c/ (m·min^{-1})	2~3	>3~6	>6~12	>12~25	>25~50	
			进给量 f/(mm·r^{-1})					
低强度钢	$Rm \leqslant 800$	90	0.05	0.10	0.15	0.25	0.40	
高强度钢	$Rm > 800$	80	0.08	0.13	0.20	0.30	0.40	
不锈钢	$Rm \leqslant 800$	40	0.08	0.13	0.20	0.30	0.40	
铸铁、可锻铸铁	≤250HB	100	0.10	0.15	0.30	0.45	0.70	
铝合金	$Rm \leqslant 350$	180	0.15	0.25	0.40	0.60	0.80	
铜合金	$Rm \leqslant 500$	200	0.12	0.16	0.30	0.45	0.60	
热塑塑料	—	80	0.05	0.10	0.20	0.30	0.40	
热固塑料	—	80	0.05	0.10	0.20	0.30	0.40	

扩孔时可用钻头扩孔，但当孔精度要求较高时常用扩孔钻，如图1-2-25所示。

扩孔钻的形状与钻头相似，不同的是：扩孔钻有3~4个切削刃，且没有横刃，其顶端是平的，螺旋槽较浅，故钻芯粗实，刚性好，不易变形，导向性好。

2. 铰孔

铰孔是用铰刀从工件壁上切除微量金属层，以提高孔的尺寸精度和表面质量的加工方法。铰孔是应用较普遍的孔的精加工方法之一，其加工精度可达IT7~IT6级，表面粗糙度$Ra = 0.4 ~ 0.8 \mu m$。铰刀是多刃切削刀具。

图1-2-25 扩孔钻

铰孔时导向性好。铰刀刀齿的齿槽很宽，其横截面大，因此刚性好。铰孔时因为余量很小，每个切削刃上的负荷均小于扩孔钻，且切削刃的前角$\gamma_0 = 0°$，所以铰削过程实际上是修刮过程。特别是手工铰孔时，切削速度很低，不会受到切削热和振动的影响，因此使孔加工的质量较高。

铰孔按使用方法分为手铰和机铰两种，其对应铰刀分别为手用铰刀和机用铰刀，如图1-2-26和图1-2-27所示。手用铰刀的顶角较机用铰刀小，其柄为直柄。铰刀的工作部分由切削部分和修光部分组成。

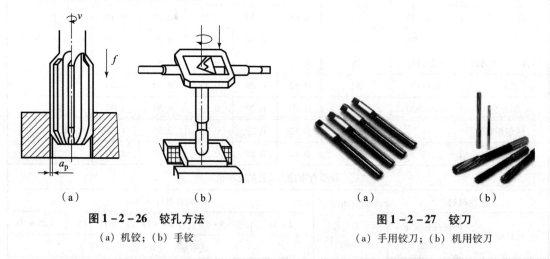

图1-2-26 铰孔方法
(a) 机铰；(b) 手铰

图1-2-27 铰刀
(a) 手用铰刀；(b) 机用铰刀

铰孔时铰刀不能倒转，否则铁屑会卡在孔壁与切削刃之间，而使孔壁划伤或切削刃崩裂。铰孔时常用适当的冷却液来降低刀具和工件的温度，防止产生切屑瘤，并减少切屑细末黏附在铰刀和孔壁上，从而提高孔的质量。

（六）锪孔

锪孔，一种金属加工方法，是指在已加工的孔上加工圆柱形沉头孔、锥形沉头孔和凸台端面等。锪孔时使用的刀具称为锪钻，一般用高速钢制造。加工大直径凸台断面的锪钻，可用硬质合金重磨式刀片或可转位式刀片，用镶齿或机夹的方法固定在刀体上制成。锪钻导柱的作用是导向，以保证被锪沉头孔与原有孔同轴。

锪孔的目的是保证孔口与孔中心线的垂直度，以便与孔连接的零件位置正确、连接可靠。在工件的连接孔端锪出柱形或锥形埋头孔，用埋头螺钉埋入孔内，把有关零件连接起来，使外观整齐、装配位置紧凑。将孔口端面锪平，并与孔中心线垂直，能使连接螺栓（或螺母）的端面与连接件保持良好接触。

锪钻种类：锪钻分柱形锪钻、锥形锪钻和端面锪钻三种。锪钻的种类及锪特殊位置孔如图 1 - 2 - 28 所示。

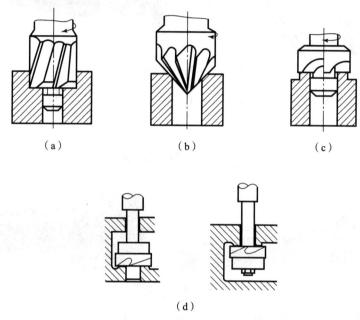

（a）   （b）   （c）

（d）

图 1 - 2 - 28　锪钻的种类及锪特殊位置孔
（a）柱形锪钻；（b）锥形锪钻；（c）端面锪钻；（d）锪特殊位置孔

1. 柱形锪钻

柱形锪钻主要用于锪圆柱形埋头孔，如图 1 - 2 - 29 所示。

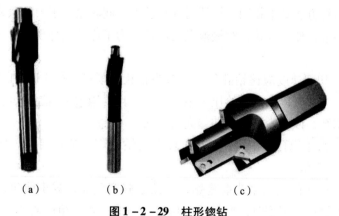

（a）   （b）   （c）

图 1 - 2 - 29　柱形锪钻
（a）锥柄锪钻；（b）直柄锪钻；（c）机夹锪钻

柱形锪钻起主要切削作用的是端面刀刃，螺旋槽的斜角就是它的前角。锪钻前端有导柱，导柱直径与工件已有孔为紧密的间隙配合，以保证良好的定心和导向。这种导柱和锪钻是一体的，也可以把导柱做成可拆的。

2. 锥形锪钻

锥形锪钻用于锪锥形孔，如图1-2-30所示。

图1-2-30　锥形锪钻

锥形锪钻的锥角按工件锥形埋头孔的要求不同，有60°、75°、90°、120°四种，其中90°的用得最多。

3. 端面锪钻

端面锪钻专门用来锪平孔口端面，如图1-2-31所示。

图1-2-31　端面锪钻

端面锪钻的圆周和端面上各有3~4个刀齿，在已加工好的孔内插入导柱，其作用是控制被锪孔与原有孔的同轴度误差。导柱一般做成可拆式，以便于锪钻端面齿的制造与刃磨。当已加工的孔径较小时，为了使刀杆保持一定强度，可将刀杆头部的一段直径与已加工孔为间隙配合，以保证良好的导向作用。

4. 锪孔方法

锪孔方法和钻孔方法基本相同。锪孔时存在的主要问题是由于刀具振动而使所锪孔口的端面或锥面产生振痕，使用麻花钻时振痕尤为严重。为了避免这种现象，在锪孔时应注意以下几点。

（1）锪孔时的切削速度应比钻孔低，一般为钻孔切削速度的1/2~1/3。同时，由于锪孔时的轴向抗力较小，所以手的进给压力不宜过大，且要均匀。精锪时，往往采用钻床停车后主轴的惯性来锪孔，以减少振动而获得光滑表面。

（2）锪孔时，由于锪孔的切削面积小，标准锪钻的切削刃数目多，切削较平稳，所以进给量为钻孔的2~3倍。

（3）尽量选用较短的钻头来改磨锪钻，并注意修磨前面，减小前角，以防止扎刀和振动。用麻花钻改磨锪钻，刃磨时，要保证两切削刃高低一致、角度对称，并保持切削平稳；后角和外缘处前角要适当减小，选用较小后角，以减少振动，防止扎刀。同时，在砂轮上修磨后再用油石修光，使切削均匀平稳，以减少加工时的振动。

（4）锪钻的刀杆和刀片配合要合适，装夹要牢固，导向要可靠，工件要压紧，且锪孔时不应发生振动。

（5）要先调整好工件的螺栓通孔与锪钻的同轴度，再做工件的夹紧。调整时，可旋转主轴做试钻，使工件能自然定位。工件夹紧要稳固，以减少振动。

（6）为控制锪孔深度，在锪孔前，对于钻床主轴（锪钻）的进给深度，可用钻床上的深度标尺和定位螺母，做好调整定位工作。

（7）当锪孔表面出现多角形振纹等情况时，应立即停止加工，并找出钻头刃磨等问题，及时修正。

（8）锪钢件时，因切削热量大，故要在导柱和切削表面加润滑油。

六、研磨

用研磨工具和研磨剂，从工件上研去一层极薄表面层的精加工方法称为研磨，如图 1 - 2 - 32 所示。经研磨后的表面粗糙度 $Ra = 0.8 \sim 0.05$ μm。研磨有手工操作和机械操作两种。

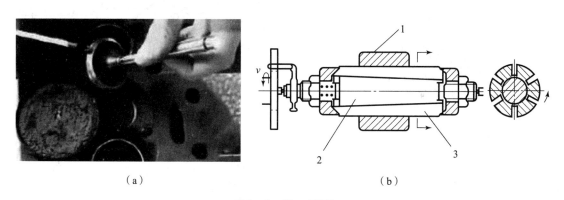

（a）　　　　　　　　　　　　　　　（b）

图 1 - 2 - 32　研磨

1—工件（手握）；2—芯棒；3—研套

（一）研磨剂

研磨剂是由磨料和研磨液调和而成的混合剂，如图 1 - 2 - 33 所示。

（a）　　　　　　　（b）

图 1 - 2 - 33　研磨剂

（a）研磨砂；（b）研磨剂

磨料在研磨中起切削作用。常用的磨料有：刚玉类磨料——用于碳素工具钢、合金工具钢、高速钢和铸铁等工件的研磨；碳化硅磨料——用于研磨硬质合金、陶瓷等高硬度工件，亦可用于研磨钢件；金刚石磨料——硬度高，实用效果好，但价格昂贵。

研磨液在研磨中起调和磨料、冷却和润滑作用。常用的研磨液有煤油、汽油、工业用甘油和熟猪油。

（二）外圆研磨

图1-2-34所示为常见的外圆研磨套。工件安装在车床的卡盘内或顶尖间，由主轴带动低速回转。研磨套套在工件上，通过螺钉调整，使研磨套与工件间保持一定的配合间隙。研磨时，将研磨剂均匀涂覆在工件表面，在工件低速回转的同时，用手扶研磨套沿工件轴线方向做往复移动。在工件与研磨套的相对运动中，研磨剂中的磨料对工件起切削作用，辅助材料与工件表面起化学作用，研具的形状与被研磨表面一样。研具材料的硬度一般要比被研磨工件材料的硬度低。但也不能太低，否则磨料会全部嵌进研具而失去研磨作用。灰铸铁是常用的研具材料（低碳钢和铜亦可用）。

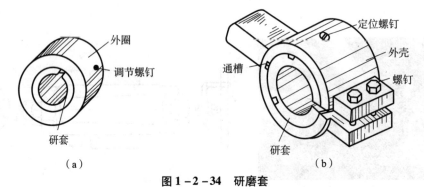

图1-2-34　研磨套

（a）手持式研磨套；（b）机夹式研磨套

（三）平面研磨

平面的研磨一般是在平面非常平整的平板（研具）上进行的，如图1-2-35所示。粗研常用平面上制槽的平板进行，这样可以把多余的研磨剂刮去，保证工件研磨表面与平板的均匀接触，同时可使研磨时的热量从沟槽中散去。精研时，为了获得较小的表面粗糙度，应在光滑的平板上进行。

研磨时要使工件表面各处都受到均匀的切削，手工研磨时合理的运动对提高研磨效率、工件表面质量和研具的耐用度都有直接影响。手工研磨时一般采用直线、螺旋形、8字形等几种研磨方法。8字形常用于研磨小平面工件。研磨前，应先做好平板表面的清洗工作，加上适当的研磨剂，把工件需研磨表面合在平板表面上，采用适当的运动轨迹进行

图1-2-35　平面研磨

研磨。研磨中的压力和速度要适当,一般在粗研磨或研磨硬度较小的工件时,可用大的压力、较慢的速度进行;而在精研磨或对大工件进行研磨时,则应用小的压力、快的速度进行研磨。

(四) 注意事项

研磨时,用力要均匀,要经常对研磨表面进行清洗和检测,随时发现问题并及时纠正,切忌干研磨或研磨过头。特别注意研磨是精加工,余量很少,一旦研磨过头,零件就会报废。

知识三 车削加工知识库

一、车削分类

（一）加工方法

根据 DIN8580 标准，加工方法共分为 6 类，如图 1-3-1 所示。

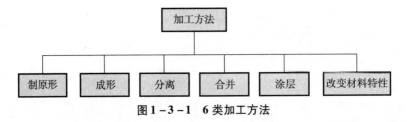

图 1-3-1 6 类加工方法

（二）分离方法

根据 DIN8580 标准，分离方法共分为 5 类，如图 1-3-2 所示。

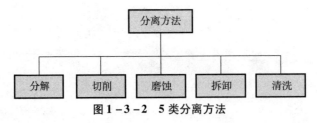

图 1-3-2 5 类分离方法

（三）切削加工方法

根据 DIN8589 标准（第 0 部分），切削加工方法的分类如图 1-3-3 所示。

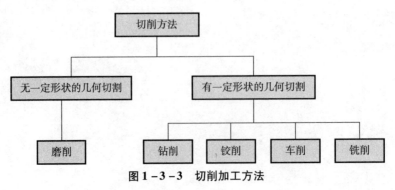

图 1-3-3 切削加工方法

（四）车削方法

根据标准 DIN8589（第 1 部分），车削方法分类如图 1-3-4 和图 1-3-5 所示。

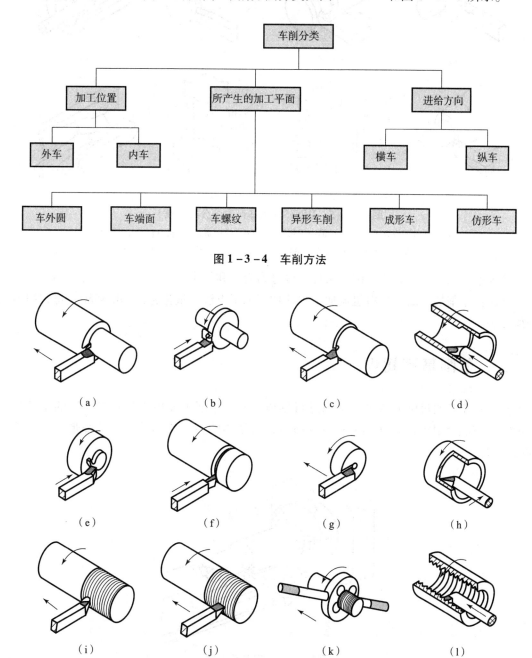

图 1-3-4 车削方法

图 1-3-5 DIN8589 的车削方法分类

（a）纵向车外圆；（b）横向车外圆；（c）外圆精车；（d）车内圆；（e）横向车端面；

（f）横向切断；（g）纵向车端面；（h）车内端面；（i）车螺纹；

（j）用螺纹梳刀切螺纹；（k）套螺纹；（l）车内螺纹

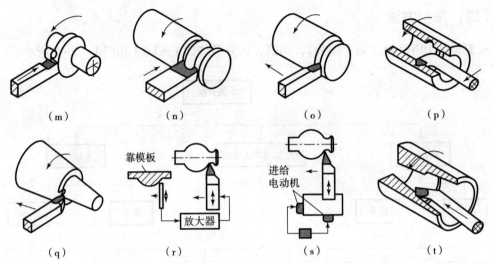

图 1 - 3 - 5　DIN8589 的车削方法分类（续）

（m）横向车偏心工件；（n）横向成形车削；（o）纵向成形车削；（p）内成形车削；
（q）车锥面；（r）仿形车削；（s）数控仿形车削；（t）车内锥面

从理论上来说，所有的车削方法都可以分为内车和外车。

备注：车削加工属于材料机械加工中的切削加工方法。根据标准 DIN8580，将它归纳入分离方法。

二、车削基础知识

车削主要是通过圆形的主运动来进行排屑，所以车削主要用于具有对称性的工件加工（如轴、套筒、螺栓等），如图 1 - 3 - 6 所示，所使用的刀具称为车刀，其都带有一个几何性的刀刃。

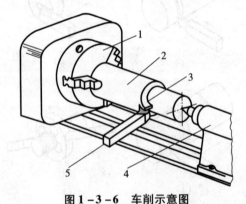

图 1 - 3 - 6　车削示意图

1—卡盘；2—工件；3—切屑；4—尾架；5—车刀

（一）车床的运动

车床运动示意图如图 1 - 3 - 7 所示。

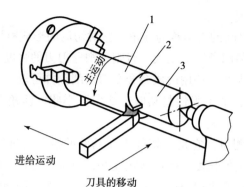

图 1 - 3 - 7 车床运动示意图

1—待加工表面；2—过渡表面；3—已加工表面

主运动：工件的车削运动称为主运动。工件每分钟旋转的次数称为转速（n），单位为 r/min。

进给运动（进给量）：进给运动就是车刀沿着工件的方向所做的直线运动。进给运动和主运动结合起来就可以进行排削。进给量（f）的单位为 mm/r。

刀具的移动（切削深度）：通过刀具的移动可以控制车刀的切削深度（又可称为被吃刀量）。切削深度（a_p）的单位为 mm。

（二）车刀的几何角度

切削楔的刀刃都是楔形的。切削楔由前面和后面组成。排出切屑的那个刀面称为前面，面向切削表面的那个刀面称为后面。前面与后面之间的那条棱边称为主切削刃，如图 1 - 3 - 8 所示。

车刀切削刃的各个角度如图 1 - 3 - 9 所示，根据标准 DIN6581 进行分类定义。

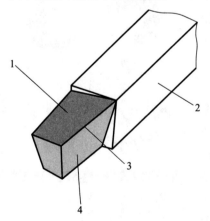

图 1 - 3 - 8 车刀几何形状

1—前面；2—刀柄；3—主切削刃；4—后面

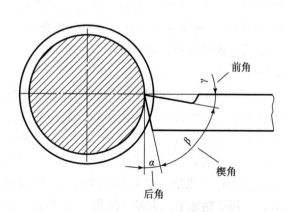

图 1 - 3 - 9 车刀切削刃的角度

楔角 β：前面与后面之间的夹角称为楔角。工件为刚性材料时，应选择较大的楔角；工件为韧性材料时，则应选择相对较小的楔角。

后角 α：后面与切削平面之间的夹角称为后角。在金属加工中，后角通常为 6°~8°，粗车时取小值，精车时取大值。

前角 γ：前面与基面之间的夹角称为前角。它对切屑的形成有着重要的影响。其作用是使刀刃锋利，便于切削。但前角不能太大，否则会削弱刀刃的强度，容易磨损甚至崩坏。加工塑性材料时，前角可选大些，如用硬质合金车刀切削钢件可取 $\gamma_0 = 10° \sim 20°$，精加工时车刀的前角 γ_0 应比粗加工大；加工脆性材料时，前角可小些。前角、后角与楔角的总和始终为 $90°$。

主偏角 κ_r：在基面中测量，它是主切削刃在基面的投影与进给方向的夹角。小的主偏角可增加主切削刃参与切削的长度，因而散热较好，对延长刀具使用寿命有利。但在加工细长轴时，工件刚度不足，小的主偏角会使刀具作用在工件上的径向力增大，易产生弯曲和振动，因此，主偏角应选大些。车刀常用的主偏角有 $45°$、$60°$、$75°$、$90°$ 等几种，其中 $45°$ 应用较广，如图 $1-3-10$ 所示。

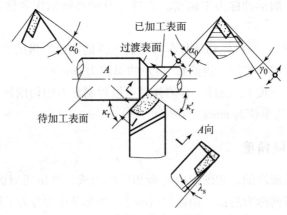

图 1 - 3 - 10　车削刃的主副偏角、刃倾角

副偏角 $\kappa_r{}'$：在基面中测量，是副切削刃在基面上的投影与进给反方向的夹角。在切削深度 a_p、进给量 f、主偏角 κ_r 相等的条件下，减小副偏角 $\kappa_r{}'$，可减小车削后的残留面积，从而减小表面粗糙度，一般选取 $\kappa_r{}' = 5° \sim 15°$。

刃倾角 λ_s：在切削平面中测量，是主切削刃与基面的夹角。主切削刃与基面平行，$\lambda_s = 0°$；刀尖处于主切削刃的最低点，λ_s 为负值，刀尖强度增大，切屑流向已加工表面，用于粗加工；刀尖处于主切削刃的最高点，λ_s 为正值，刀尖强度削弱，切屑流向待加工表面，用于精加工。车刀刃倾角 λ_s 一般在 $-5° \sim +5°$ 之间选取。

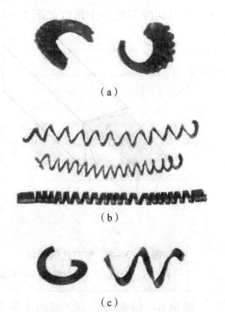

图 1 - 3 - 11　车削切屑

（a）脆裂切屑；（b）带状切屑；（c）挤裂切屑

（三）切屑种类

在车削加工中，由于切削楔深入工件，故会产生切屑。切屑有多种类型，如图 $1-3-11$ 所示，主要可以分为以下几种：

（1）脆裂切屑。脆裂切屑短而且形状不规则。这种切屑通常出现在粗加工中，其出现的前提是较大的切削深度、较慢的切削速度以及较大的进给量。

（2）带状切屑。带状切屑既长又相互缠绕，它通常出现在较软和韧性材料的加工中。产生带状切屑的另一个前提是较快的切削速度以及较大的前角。带状切削很难清除，因此常常会阻碍加工过程。带状切屑会增加事故的可能性并对工件表面造成损伤。

（3）挤裂切屑。挤裂切屑通常都无规则地缠绕在一起。它通常出现在韧性材料的加工中，中等切削速度，较小或者中等的前角。加工中产生挤裂切屑的工件的表面粗糙度比产生带状切屑的工件的表面粗糙度大。

备注：理论上说，切屑应越小越好。较小的切屑有以下优点：

（1）较低的事故风险。

（2）较小的表面粗糙度。

（3）排屑较顺畅。

当产生带状切屑时可以通过以下方法进行改进：

（1）在车刀上增加排屑槽，如图1－3－12所示。

（2）使用较硬的材料（易切削钢）。

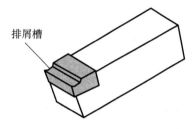

图1－3－12 车刀排屑槽

（四）刀具材料

刀具的材料必须坚硬而又有韧性，其材料选择见表1－3－1。在当今以数控加工为主的机械加工中，通常使用硬质金属以及陶瓷作为刀具材料。在一些加工中也常使用高速钢作为刀具材料。

刀具材料应满足以下条件：

（1）较高的热硬度。

（2）较高的抗压强度和抗弯强度。

（3）抗氧化，抗磨损，不容易扩散。

（4）较好的导热性。

（5）较好的温度变化抵抗能力。

表1－3－1 刀具材料选择

刀具材料	性　　能	切削速度/（m·min⁻¹）
高速钢（HS）	有韧性，切削温度可以达到600 ℃	20～200
硬质合金（HM）	坚硬，抗冲击性差； 切削温度可以达到900 ℃	60～500
陶瓷	非常坚硬，耐磨，抗冲击性很差； 切削温度可以达到1 200 ℃	100～1 600

备注：没有哪种材料可以同时满足所有的性能要求，所以应针对各种加工要求，选择合适的刀具材料。

高速钢是一种高合金的工具钢，它的韧性很好，对于负荷的变化并不敏感，工作温度可以达到 600 ℃。为了达到更快的切削速度和更久的耐用度，常对高速钢的表面加氧化钛涂层。这是一层非常坚硬的金色涂层，厚度为 2 ~ 4 μm。

在切削加工中，硬质合金会根据特性和使用范围进行分组。硬质合金共分为 P、M 和 K 三类，如表 1 - 3 - 2 所示。

表 1 - 3 - 2　硬质合金分类

应用分类代号	材质特性		应用分组		切削特性	
			材料	加工方法与切削条件		
P01	耐磨性越小	韧性越大	钢，铸钢	以高速和小切削截面进行精细车削和钻孔	切削速度变慢	进给增大
P10			钢，铸钢，长切屑可锻铸铁	车削、铣削、螺纹加工。高速，切削截面较小或中等		
P20			钢，铸钢，长切屑可锻铸铁	车削、仿形车削、铣削。切削速度中等、切削截面中等。以较小的进给进行刨削		
P30			钢，含气孔的铸钢	以较低的切削速度和较大的切削截面进行车削、刨削和插削		
P40			钢，铸钢	较差的切削条件下工作，可以有较大的前角		
M10	耐磨性越小	韧性越大	钢，铸钢，铸铁，高锰钢	以中等或较高的切削速度、较小或中等的切削截面进行车削	切削速度变慢	进给增大
M20			钢，铸钢，铸铁，奥氏体钢	以中等的切削速度和切削截面进行车削、铣削		
M30			钢，铸铁，高耐温合金	以中等的切削速度、中等或较大的切削截面进行车削、铣削和刨削		
M40			易切钢，有色金属，轻合金	车削、切断，特别是易切钢		
K01	耐磨性越小	韧性越大	硬度铸铁，铝 - 硅合金，热固性塑料	车削、铣削、平整表面	切削速度变慢	进给增大
K10			布氏硬度高于 220HB 的灰口铸铁，硬质钢，岩石，陶瓷	车削、内车削、铣削、钻孔、拉削、平整表面		
K20			布氏硬度低于 220HB 的灰口铸铁，有色金属	当材料韧性较大时，车削、铣削、刨削、内车削		
K30			钢，铸铁，较低硬度钢	前角较大时，车削、铣削、刨削、插削、铣槽		
K40			有色金属，软木或硬木	以大前角进行加工		

应用组别根据加工材料、加工方法和切削条件进行分类。

（1）P：适用于长切屑型材料，如钢、长切屑型可锻铸铁。

（2）M：适用于长切屑型和短切屑型材料，如钢、铸铁。

（3）K：适用于短切屑型材料，如灰口铸铁、有色金属。

应用分组的代号越大，表示耐磨性越差、韧性越强，也表示进给量增大、切削速度降低。

例如：对铸铁工件以中等的切削速度和中等的切削截面进行车削。为了选择合适的车刀，应先根据材料、加工方法、切削条件选择合适的应用分组。对于给出的条件，应选用 M20 类别的车刀。

陶瓷：陶瓷相对于硬质合金有着更高的硬度和耐磨性。

当工作温度在 1 200 ℃ 以内时，对于其本身性能的损害并不明显，所以可以以较快的切削速度进行加工。当陶瓷产生脆裂，以及负荷剧烈变化时，它的优点就不复存在了。陶瓷材料可以分为氧化物陶瓷、混合陶瓷以及氮化物陶瓷。

氧化物陶瓷是由纯氧化铝构成的，适用于加工铁质材料。

（五）焊接式车刀的刃磨

焊接式车刀用钝后，必须刃磨，以便恢复它的合理形状和角度，如表 1 - 3 - 3 所示。磨硬质合金车刀用绿色碳化硅砂轮。

车刀刃磨的一般顺序是：磨后刀面→磨副后刀面→磨前刀面→磨刀尖圆弧。车刀刃磨后，还应用油石细磨各个刀面，以有效地提高车刀的使用寿命和减小工件表面的表面粗糙度，如图 1 - 3 - 13 所示。

刃磨车刀的操作要领：

（1）刃磨时，两手握稳车刀，刀杆靠于支架，使受磨面轻贴砂轮。切勿用力过猛，以免挤碎砂轮，造成事故。

（2）应将刃磨的车刀在砂轮圆周面上左右移动，使砂轮磨耗均匀，不出沟槽。避免在砂轮两侧面用力粗磨车刀，以致砂轮受力偏摆、跳动，甚至破碎。

（3）刀头磨热时，即应蘸水冷却，以免刀头因温升过高而退火软化。磨硬质合金车刀时，刀头不应蘸水，以免刀片蘸水急冷而产生裂纹。

（4）不要站在砂轮的正面刃磨车刀，以防砂轮破碎时使操作者受伤。

（六）刀具切削

1. 刀具耐用度

耐用度就是指刀具的使用寿命。例如，车刀从全新直至刀片重磨的工作时间。

在切削加工中，刀刃会受到机械负荷与热负荷，从而改变其原本的特性，使刀具变钝，刀具的耐用度越短，则加工成本越高。

刀具的耐用度受以下几个方面的影响：

（1）切削条件（切削速度，切削形状，切削截面）。

（2）刀具（材料，刃磨）。

（3）工件（材料，形状）。

（4）冷却液。

通常可以通过以下方法来延长刀具的耐用度：

（1）减慢切削速度。

（2）减小切削截面。

表1-3-3 刀片代号

刀片形状 / 后角

刀片形状	图示	后角	角度
A	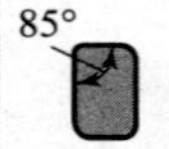 85°	A	3°
C	 80°	B	5°
D	 55°	C	7°
L	 （长方形）	D	15°
K	 55°	E	20°
R	（圆形）	F	25°
S	（正方形）	G	30°
T	 （三角形）	N	0°
V	 35°	P	11°
W	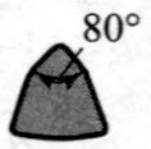 80°	O	其他

偏差等级

根据刀片厚度s，检验尺寸d和m，尺寸差按照A、C、E、G、H、J、K、M、U分级，其中最高等级为A

级别	m/mm	s/mm	d/mm
A	±0.05		±0.025
C	±0.013	±0.025	±0.025
E	±0.025	±0.05~±0.13	
G	±0.025	±0.13	
H	±0.013		±0.013
J	±0.05	±0.013	±0.05~±0.015
K	±0.08~±0.20	±0.05~±0.13	±0.05~±0.015
M	±0.13~±0.38	±0.13	±0.08~±0.25
U			±0.08~±0.25

类型

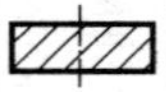

A	（图示）
F	（图示）
G	（图示）
M	（图示）
N	（图示）
R	（图示）
X	特殊情况

刀刃长度

刀刃长度以正数表示，单位mm；个位数前加一个0；当两刃边长不同时，用长边长刀刃表示；圆刀片用直径d表示

刀片厚度

刀片厚度以整数表示，单位mm；个位数前加一个0

刀尖圆弧半径

将刀尖圆弧半径乘以系数0.1；个位数前加一个0；尖刀片用00表示。当用符号：1表示时：1表示切削刃的主偏角，2表示圆刀片的后角

刀口形状

E	（图示）
F	（图示）
S	（图示）
T	（图示）

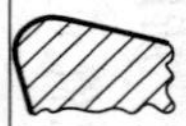

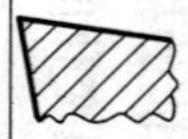

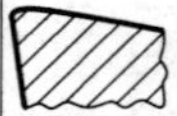

切削方向

R	从右向左车削
L	从左向右车削
N	向两侧车削

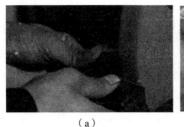 

（a）　　　　　　　　　　　　（b）

图 1 - 3 - 13　焊接车刀的刃磨

（3）增大楔角。

（4）使用合适的冷却液。

如图 1 - 3 - 14 所示可以看出硬质合金与高速钢相比，在耐用度与切削速度的关系上更有优势。

在耐用度相同的情况下，陶瓷车刀的切削速度是高速钢的 3 倍，如图 1 - 3 - 15 所示。

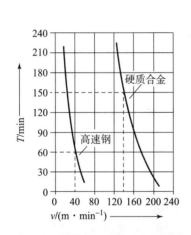

图 1 - 3 - 14　硬质合金与高速钢耐用度对比

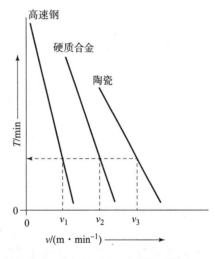

图 1 - 3 - 15　不同车刀的耐用度

2. 切削速度

切削速度主要取决于以下几方面：

（1）刀具的材料。

（2）待车件的材料。

（3）加工方法（粗、精）。

切削速度可以通过手册查取。

主轴的转速可通过切削速度公式来计算。

切削速度计算公式：

$$v_c = \pi \cdot d \cdot n$$

式中，v_c——切削速度，单位 m/min；

　　　d——待车削件的直径，单位 mm；

n ——主轴转速，单位 r/min。

备注：工件直径的单位为 mm，切削速度的单位为 m/min，故计算时必须先进行单位换算。

举例：

已知：$d = 160$ mm，$v_c = 125$ m/min。

求：主轴转速 n。

$$n = \frac{v_c}{\pi d} = \frac{125 \times 1\,000}{3.14 \times 160} \approx 248 \text{（r/min）}$$

3. 切削截面

切削截面的大小是通过切削深度和进给量来计算的，如图 1 – 3 – 16 所示。

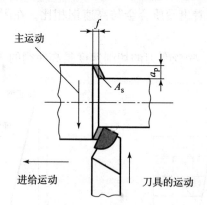

图 1 – 3 – 16　切削截面示意图

$$A_s = a_p \times f$$

式中，A_s——切削截面面积，单位 mm^2；

　　　a_p——切削深度，单位 mm；

　　　f——进给量，单位 mm/r（注：此处为 1r 的进给量）。

不同的切削深度和进给量也可以得到相同的切削截面，其选择标准如下：

（1）与切削速度相对应的进给量（f）可以通过手册查阅。

（2）精车时的切削速度比粗车时大，进给量比粗车时小，所以它的表面粗糙度更好。

备注：最大切削截面是由车床的驱动力决定的。

（七）外形与位置公差

为了确保工件的加工、功能以及互换性，需要在图纸上标明其外形与位置公差。

工件的加工质量由以下几个方面决定。

（1）外形精度：确保外形公差，例如：螺栓圆柱的直径，其公差应小于 0.1 mm，如图 1 – 3 – 17 所示。

（2）位置精度：确保元件位置，例如：振摆 AB 轴之间的径向振摆不能超过 0.1 mm，如图 1 – 3 – 18 所示。

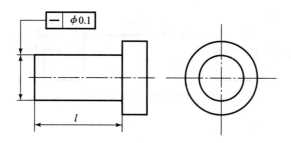

图 1 - 3 - 17　直线性螺栓圆柱直径公差

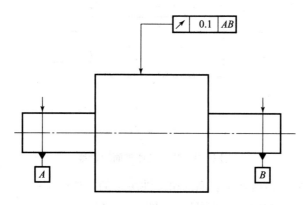

图 1 - 3 - 18　振摆 *AB* 轴位置公差

（3）尺寸精度：确保尺寸公差，例如：长度尺寸的公差不能超过 ±0.1 mm，如图 1 - 3 - 19 所示。

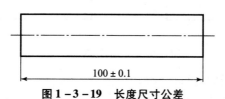

图 1 - 3 - 19　长度尺寸公差

（4）表面粗糙度：确保工件表面完成情况。切削加工中所产生的表面，其表面粗糙度最大轮廓算术平均偏差 *Ra* 为 6.3 μm，最小轮廓算术平均偏差 *Ra* 为 1.6 μm。在车削加工中，其表面粗糙度应达到轮廓最大高度 *Rz* = 6.3 μm，如图 1 - 3 - 20 所示。

工件表面粗糙度的大小主要取决于以下几方面：

①切削速度；

②车刀的进给量；

③刀尖角的大小；

④刀尖半径；

⑤冷却液的使用与性能。

备注：表面粗糙度与成本相关。因此，基于经济方面，应按产品质量需要选择合适的表面粗糙度。

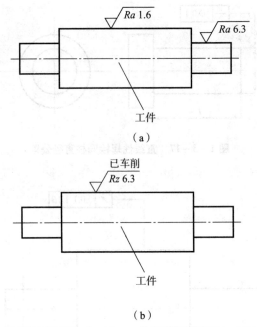

（a）

（b）

图 1 - 3 - 20　工件表面粗糙度

表面粗糙度的测定是由所加工表面的粗糙性决定的，如图 1 - 3 - 21 所示，图纸上通常使用 Ra 或 Rz 来标注表面粗糙度。它可以通过以下方法测得：

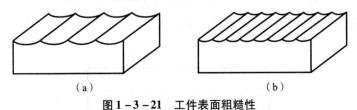

（a）　　　　　　　　　　　　　　　　（b）

图 1 - 3 - 21　工件表面粗糙性

①简单的检验方法（表面进行比较）；

②测量方法（表面测量仪器）；

③计算方法。

a. 轮廓算术平均偏差 Ra。

轮廓算术平均偏差 Ra 就是相对于中心线，所有偏差的平均值，单位为 μm，如图 1 - 3 - 22 所示。

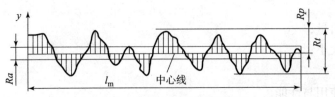

图 1 - 3 - 22　轮廓算术平均偏差

b. 轮廓最大高度 Rz。

轮廓最大高度 Rz 是在一个取样长度内，最大轮廓峰高与最大轮廓谷深之和，单位为 μm，如图 1 - 3 - 23 所示。

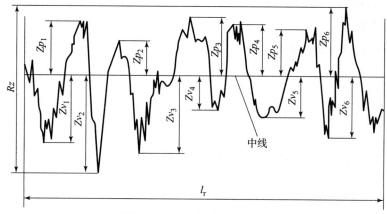

图 1 - 3 - 23　轮廓最大高度

（八）粗车与精车

零件加工应分阶段，如中等精度的零件，一般按粗车到精车的方案进行。

1. 粗车

粗车的目的以提高生产率为主，尽快从毛坯上切去大部分的加工余量，使工件接近要求的形状和尺寸；其次适当加大进给量、背吃刀量，并采用中等或中等偏低的切削速度。使用高速钢车刀进行粗车的切削用量推荐如下：切削深度 $a_p = 0.8 \sim 1.5$ mm，进给量 $f = 0.2 \sim 0.3$ mm/r，切削速度 $v_c = 10 \sim 20$ m/min（切钢）。

粗车铸、锻件毛坯时，因工件表面有硬皮，为保护刀尖，应先车端面或倒角，第一次切深应大于硬皮厚度。若工件夹持的长度较短或表面凹凸不平，切削用量则不宜过大。粗车时应留有 $0.5 \sim 1$ mm 作为精车余量。粗车后的精度为 IT14 ~ IT11，表面粗糙度 Ra 值一般为 $12.5 \sim 6.3$ μm。

2. 精车

精车要保证零件尺寸精度和表面粗糙度的要求，生产率应在此前提下尽可能提高。一般精车的精度为 IT8 ~ IT7，表面粗糙度 Ra 值为 $3.2 \sim 0.8$ μm，所以精车是以提高工件的加工质量为主。切削用量应选用较小的切削深度 $a_p = 0.1 \sim 0.3$ mm 和较小的进给量 $f = 0.05 \sim 0.2$ mm/r，切削速度可取大些。

（九）冷却液

切削加工时，在切削位置处由于切屑的变形以及摩擦会产生热量，如图 1 - 3 - 24 所示。车刀的负荷越大，所产生的摩擦热也越大。

冷却液的作用：

（1）提高车刀的耐用度。

（2）减小工件的表面粗糙度。

（3）降低工件的表面温度。

选择冷却液时除了要注意冷却与润滑特性外，

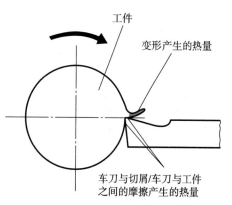

图 1 - 3 - 24　切削摩擦生热

还应注意以下几点：

（1）是否环保。

（2）具有较小的过敏风险。

（3）化学性能为中性。

（4）不会伤害健康。

备注：应注意制造商提供的冷却液使用建议；应避免冷却液受到污染；尽量避免皮肤接触到冷却液。

在检测冷却液时应特别注意以下几点：

（1）乳化剂的混合比例。

（2）测试其 pH 值。

（3）测试其亚硝酸成分的含量。

冷却润滑液的种类、规格、作用、说明及其选择标准见表 1-3-4 和表 1-3-5。

表 1-3-4 冷却润滑液的种类、规格、作用及说明

种类	规格	作用	说明
水溶液	L1		水中添加无机材料，如苏打、亚硝酸钠，通常用于磨削
	L2		水中添加有机材料，通常为合成材料，与乳化液的作用大致相同
乳化液	E2%~E20%		含有 2%（E2%）~20%（E20%）可乳化冷却材料的水溶液，也称为钻孔冷却液
			适用于对冷却效果要求高、润滑效果一般的加工。如以较快速度进行的切削加工
非水溶性冷却润滑液	S1	←润滑效果增强 冷却效果增强→	带极性添加物的切削油，例如，植物性或动物性油脂以及合成酯；可以更好地附着在金属表面；具有很好的润滑、防锈作用。但是不适用于过高的切削温度
	S2		带温和抗表面压力添加物的切削油，比 S1 能够承受更高的温度与压力
	S3		带极性及温和抗表面压力添加物的切削油
	S4		带强力抗表面压力添加物的切削油。可以承受很高的温度和压力，但是会损伤金属表面
	S5		带极性及强力抗表面压力添加物的切削油

表 1-3-5 冷却润滑液的选择标准

加工方法	钢 普通切削	钢 较难切削	铸铁 可锻铸铁	铜 铜合金	铝 铝合金	镁合金
粗车（预车）	E2%~E5% L2	E10% S4, S5	干燥	干燥 L2, S1	E2%~E5% L2, S1, S3	干燥 S1, S2
精车	E2%~E5% S3	E10% S4, S5	干燥 E2%~E5%	干燥 L2, S2, S3	干燥 S1, S2, S3	干燥 S1, S2, S3

续表

加工方法	钢 普通切削	钢 较难切削	铸铁 可锻铸铁	铜 铜合金	铝 铝合金	镁合金
钻孔	E2%～E5%	E10% S4，S5	干燥 E2%～E5%	干燥 E2%～E5% S1，S2，S3	E2%～E5% S1，S2，S3	干燥 S1，S2，S3
铰孔	E20% S2，S3	S3 S4，S5	干燥 S1	干燥 S1，S2，S3	S1，S2，S3	S1，S2，S3
切削螺纹	S3	S5	E5%～E10% S3	S3	S3	S3 干燥

三、车削加工知识

（一）机床基础知识

金属切削机床的分类与型号。

机床主要是按加工方法和所用刀具进行分类的，根据国家制定的机床型号编制方法，其可分为12类，如表1-3-6所示。

表1-3-6　金属切削机床的分类

类别	车床	钻床	镗床	磨床			齿轮加工机床	螺纹加工机床	铣床	刨床	拉床	电加工机床	切断机床	其他机床
代号	C	Z	T	M	2M	3M	Y	S	X	B	L	D	G	Q
读音	车	钻	镗	磨	2磨	3磨	牙	丝	铣	刨	拉	电	割	其

（1）机床型号及类别代号的编制方法。

机床型号：表示机床的类型、主要参数和主要特征代号。

标示方法：由大写汉语拼音字母和阿拉伯数字组成。

按GB/T 15375—2008《金属切削型号编制方法》编制。

机床的类别代号：用该类机床名称汉语拼音的第一个字母（大写）表示，如图1-3-25所示。

（2）机床的特性代号（见表1-3-7）。

用汉语拼音字母表示。例：CJK6032，简易数控车床。

通用特性代号：在类别代号之后加上相应的特性代号。

结构特性代号：为了区别主参数相同而结构不同的机床。

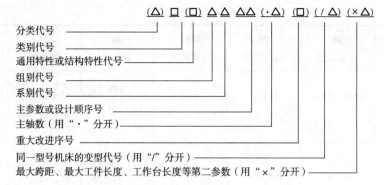

注：（1）有"□"符号者，为大写的汉语拼音字母。
　　（2）有"△"符号者，为阿拉伯数字。
　　（3）有"（）"的代号或数字，当无内容时则不表示，有内容时应去掉括号。

图 1 - 3 - 25　机床型号及类别代号

表 1 - 3 - 7　机床的特性代号

通用特性	代号	通用特性	代号	通用特性	代号	通用特性	代号	通用特性	代号
高精度	G	自动换刀	H	精密	M	仿形	F	自动	Z
万能	W	半自动	B	轻型	Q	数字程序控制	K	简式	J

（3）机床的组别、系别代号。

用两位阿拉伯数字表示，前一位表示组别，后一位表示系别。

每类机床分 10 组（0~9），每组又分 10 系（0~9）。

（4）机床主参数、第二主参数及机床重大改进序号。

机床主参数：代表机床规格的大小。

第二主参数：主轴数、最大跨距、最大工件长度、工作台工作面长度等。

例：C6132D——最大加工工件的回转直径为 320 mm 的车床。

　　XQ6125B——工作台工作面宽度为 250 mm 的铣床。

　　M1432B——最大磨削直径为 320 mm 的磨床。

机床重大改进序号：用字母"A、B、C…"表示，附于机床型号末尾，以示区别。

常用机床主参数及折算系数和第二主参数见表 1 - 3 - 8，图 1 - 3 - 26 所示为机床参数的含义。

表 1 - 3 - 8　常用机床主参数及折算系数和第二主参数

机床名称	主参数及折算系数	第二主参数
普通车床	床身上工件最大回转直径，1/10	工件最大长度
立式车床	最大车削直径，1/100	
升降台铣床	工作台工作面宽度，1/10	工作台工作面长度
摇臂钻床	最大钻孔直径，1/1	最大跨距
插床及牛头刨床	最大插削及刨削长度，1/10	
龙门刨床	最大刨削宽度，1/100	
外圆磨床	最大磨削直径，1/10	最大磨削长度
矩台平面磨床	工作台工作面宽度，1/10	工作台工作面长度

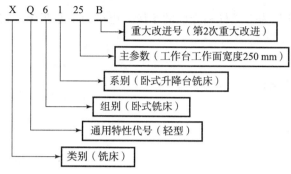

图 1 - 3 - 26　机床参数的含义

（二）车床的种类

各种外形的车削元件要求采用不同种类的车床。车床通常可以分为通用车床、落地车床、立式车床、仿形车床、转塔车床和数控车床，如图 1 - 3 - 27 所示。

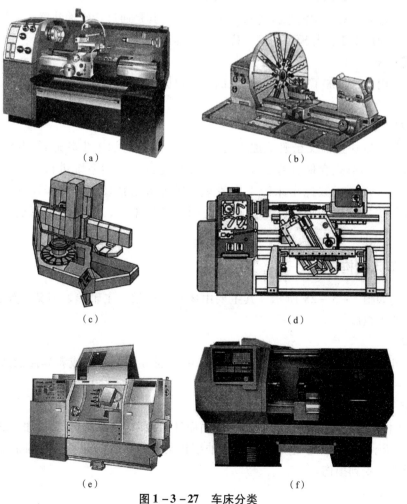

图 1 - 3 - 27　车床分类

（a）通用车床；（b）落地车床；（c）立式车床；（d）仿形车床；（e）转塔车床；（f）数控车床

1. 通用车床

通用车床中较为常见为带丝杠和光杠的车床，也称为中心车床。它可以进行以下操作：

（1）车平面；

（2）车端面；

（3）顶点之间的车削；

（4）加工孔；

（5）加工螺纹；

（6）工件车断。

2. 落地车床

落地车床主要用于加工直径较大的短工件。

3. 立式车床（旋转式车床）

立式车床通常用于加工较重的工件，因为这些工件太重，故无法使用其他车床进行装夹。立式车床的旋转轴为垂直方向，它可以加工直径 25 m 以内的工件。

4. 仿形车床

仿形车床是通过对模型的采样进行车削加工的，其是通过特殊的装置，将模型的外形传递给工件，因为加工工件与模型一模一样，所以称为仿形车床。

5. 转塔车床

转塔车床用于分步加工。刀具转塔上的车刀根据一定的顺序进行操作，车刀角度通过手动进行调节。

6. 数控车床

数控车床可以快速而又精确地加工各种工件。所有的加工步骤通过穿孔卡进行控制，加工参数以数字的形式存储在穿孔卡中，然后通过数字控制系统进行操作。通过微处理器的使用，大大提高了数控车床的工作效率。通过采用新技术，使编程，也就是控制程序的输入变得更加简单和快速。数控车床适用于批量生产，可以用于制造特殊尺寸及形状的车削件。

（三）车床结构

车床结构如图 1-3-28 所示，其主要由床身、机架、主轴箱、刀架、丝杠、控制轴、溜板箱和尾架等组成。

1. 床身

床身的外形是由车床的构成方式决定的。床身通常是由铸铁或者焊接而成的钢结构组成，如图 1-3-29 所示。

2. 机架

机架是固定在床身上的，它必须确保紧固而且无振动，从而不会影响加工的精确度，如图 1-3-30 所示。机架用于固定刀架、主轴箱和尾架。导轨保证了刀架的精确控制，因此必须确保导轨不受到损伤。

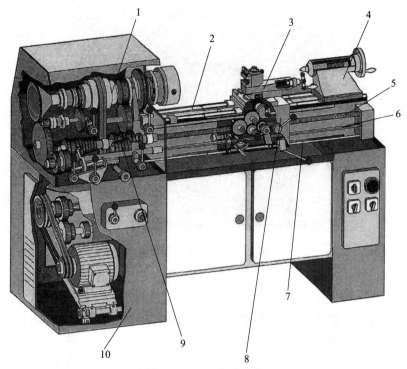

图 1 - 3 - 28 车床结构

1—主轴箱；2—机架；3—刀架；4—尾架；5—丝杠；6—光杠；

7—控制轴；8—溜板箱；9—进给箱；10—床身

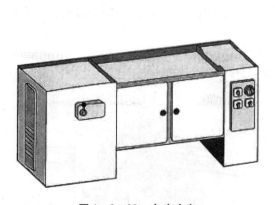

图 1 - 3 - 29 车床床身

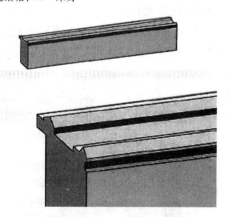

图 1 - 3 - 30 车床机架

3. 主轴箱

通过主轴箱可以将工作能量传递至工件，它的主要组件是主轴进给箱。进给箱为圆形车削和平面车削提供了一个自动进给，它的大小可调，工作力由主轴导出，并传递至光杠与丝杠，如图 1 - 3 - 31 所示。

4. 刀架

1）纵刀架

纵刀架是机架的导轨，它可以通过丝杠、光杠和手轮来控制运动。在平面车削时，应固定纵刀架。

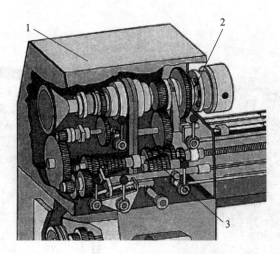

图 1 - 3 - 31　车床主轴箱
1—主轴箱；2—主轴；3—进给箱

2）横刀架

横刀架是通过一个螺纹主轴来驱动的。它的运动可以通过光杠来控制，运动长度可以通过手轮上的分度盘来读数。

3）上刀架

上刀架是可以调节的，主要用于紧固车刀手柄。它的位置与角度可以手动调节，运动长度可以通过手轮上的分度盘来读数，如图 1 - 3 - 32 所示。

5. 丝杠与光杠

丝杠和光杠用以连接进给箱和溜板箱，并把进给箱的运动和动力传给溜板箱，使溜板箱获得纵向直线运动，如图 1 - 3 - 33 所示。

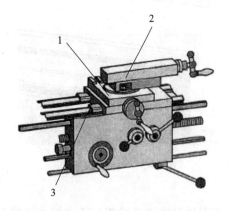

图 1 - 3 - 32　车床刀架
1—横刀架；2—上刀架；3—纵刀架

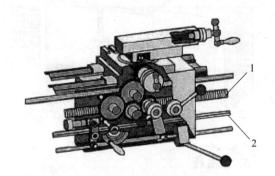

图 1 - 3 - 33　车床丝杠与光杠
1—丝杠；2—光杠

6. 控制轴

控制轴用于启动和停止车床，它可以通过转向装置进行控制，如图 1 - 3 - 34 所示。

其工作原理：将光杠的旋转运动转化为直线的进给运动；通过溜板箱驱动纵刀架，并通过开合蜗杆进行进给开关；在车削螺纹时，需要通过丝杠驱动纵刀架运动。它通过一个梯形

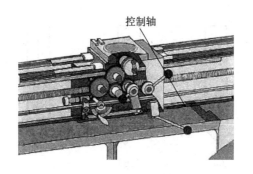

图 1 - 3 - 34　车床控制轴

螺纹将两者相连。梯形螺纹既确保了运动的精确性，又能使两个紧固螺母更方便地啮合。刀架根据丝杠旋转方向，向前或者向后运动，如图 1 - 3 - 35 所示。

7. 尾架

尾架用于固定较长的工件以及刀具，通过一个带手轮的转轴可以调节顶尖套筒。在锥形车削时，尾架可以在车削轴的一侧或者平行于车削轴，如图 1 - 3 - 36 所示。

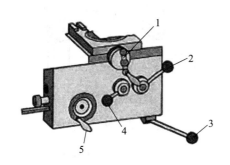

图 1 - 3 - 35　车床运动传递

1—横刀架的手动驱动手柄；2—开合蜗杆；3—开关手柄；
4—开合螺母；5—纵刀架的手动驱动手柄

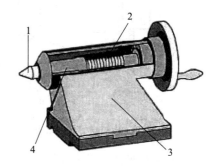

图 1 - 3 - 36　车床尾架

1—定心顶尖；2—带手轮的丝杠；
3—尾架；4—顶尖套筒

（四）车刀

1. 车刀种类

（1）不同外形的车削加工需要采用不同的车刀。

车刀的基本形状是由刀刃与刀杆的位置决定的，通常可分为以下几种，如图 1 - 3 - 37 所示：

①直头车刀。

②弯头车刀。

③偏头车刀。

（2）另一种分类方法是根据主切削刃的位置来进行区分，即分为左车刀和右车刀。

① 左车刀。

当要求车刀从左向右进给时，应选择左车刀。以刀尖为视线方向，车刀的左侧为主切削刃，如图 1 - 3 - 38 所示。

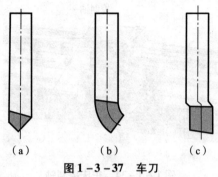

图 1 – 3 – 37　车刀

（a）直头车刀；（b）弯头车刀；（c）偏头车刀

② 右车刀。

使用右车刀可以完成从右向左的进给运动。以刀尖为视线方向，车刀的右侧为主切削刃，如图 1 – 3 – 39 所示。

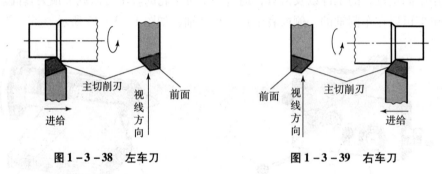

图 1 – 3 – 38　左车刀　　　　　　　　**图 1 – 3 – 39　右车刀**

（3）车刀的种类是由车削方法确定的。在图 1 – 3 – 40 中对各种不同的车刀根据其相应的车削方法进行了分类。所有的车刀种类都是根据 DIN 标准定义的，如图 1 – 3 – 40 所示。

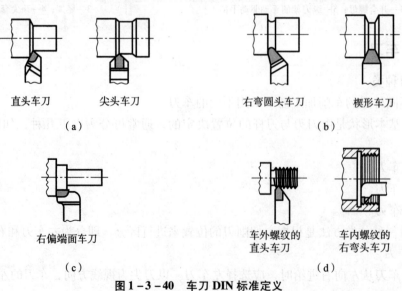

直头车刀　　尖头车刀　　　　右弯圆头车刀　　楔形车刀

（a）　　　　　　　　　　　　　　　（b）

右偏端面车刀　　　　车外螺纹的　　车内螺纹的
　　　　　　　　　　直头车刀　　右弯头车刀

（c）　　　　　　　　　　　　　（d）

图 1 – 3 – 40　车刀 DIN 标准定义

（a）车外圆；（b）车成形面；（c）车端面；（d）车螺纹；

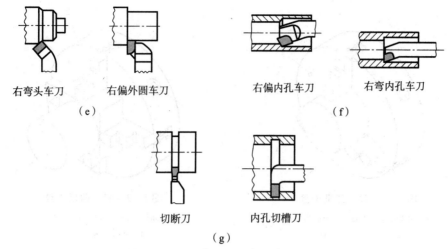

右弯头车刀　　　右偏外圆车刀　　　　右偏内孔车刀　　　　右弯内孔车刀

（e）　　　　　　　　　　　　　　　　　　　（f）

切断刀　　　　内孔切槽刀

（g）

图 1 – 3 – 40　车刀 DIN 标准定义（续）

（e）车外圆与端面；（f）车内孔；（g）车槽

2. 车刀的标识

车刀的标识如图 1 – 3 – 41 所示。

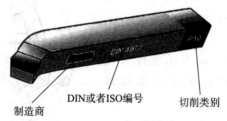

制造商　　　DIN或者ISO编号　　　切削类别

图 1 – 3 – 41　车刀的标识

车刀 $\underset{①}{\underline{\text{DIN4972}}}$ – $\underset{②}{\underline{\text{R}}}$ $\underset{③④}{\underline{2020}}$ – $\underset{⑤}{\underline{\text{P10}}}$

①——DIN 编号；

②——右车刀；

③——刀柄高度 20 mm；

④——刀柄宽度 20 mm；

⑤——硬质合金，切削类别 P10。

（五）工件的装夹

1. 卡盘

工件装夹时通常都需要用到三爪或四爪卡盘。卡盘的装夹为空间对称，以便于卡爪均匀的运动。

有一些卡盘还附带一个信号针，它标明了切削加工后卡爪的位置，避免了事故的发生。

三爪卡盘用于装夹圆形工件、3 边形工件、6 边形工件和 12 边形工件，如图 1 – 3 – 42 所示。

四爪卡盘用于装夹圆形工件、4 边形工件、8 边形工件和 12 边形工件，如图 1 – 3 – 43 所示。

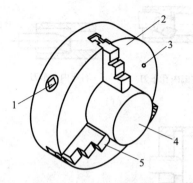

图1-3-42　三爪卡盘

1—插口；2—卡盘；3—信号针；

4—工件；5—卡爪

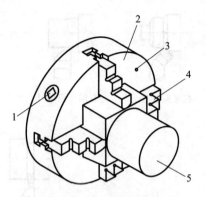

图1-3-43　四爪卡盘

1—插口；2—卡盘；3—信号针；

4—卡爪；5—工件

　　圆形四爪卡盘用于装夹大直径工件或者非对称工件。它有4个可以单独调节的卡爪，每个卡爪都可以180°旋转，所以可以作为正爪或者反爪。为了避免非对称工件失去平衡，可以使用平衡铁，如图1-3-44所示。

2. 支座

　　支座通过圆形卡爪和滑动卡爪支撑又长又细的车削件。支座可以分为中心架和跟刀架。

　　中心架装夹在机架上，主要用于加工端面，例如车平面、钻孔、锪孔，如图1-3-45所示。

　　跟刀架通过螺纹与刀架连接，作为车削过程中的同步支座，如图1-3-46所示。

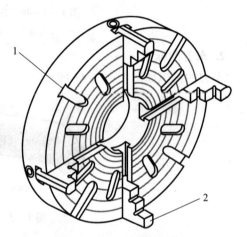

图1-3-44　圆形四爪卡盘

1—用于质量补偿的凹槽；

2—卡爪

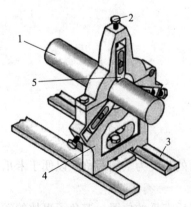

图1-3-45　中心架

1—工件；2—夹紧螺纹；3—机架；

4—中心架；5—滑动卡爪

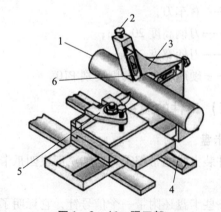

图1-3-46　跟刀架

1—工件；2—夹紧螺纹；3—跟刀架；4—机架；

5—带车刀的刀具支架；6—滑动卡爪

3. 夹紧钳

夹紧钳通常用于批量生产，工件的尺寸取决于夹紧钳的外形与直径。它对精确度的要求很高，因此只能装夹表面光滑的工件（例如已车削过的工件）。使用夹紧钳时应先拆卸主轴上的卡盘，然后使用快速装夹装置夹紧，如图1-3-47所示。

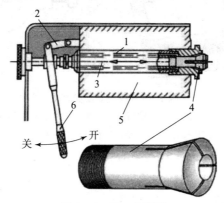

图 1 - 3 - 47　夹紧钳

1—主轴；2—快速装夹装置；3—抽风管；4—夹紧钳；

5—主轴箱外壳；6—夹紧杠杆

4. 使用定心顶尖与卡盘进行装夹

同步定心顶尖会对工件提供一个轴向的作用力。模柄的直径比工件直径小约2 mm，这样就形成了一个台阶，可以阻止工件陷入卡盘，如图1-3-48所示。

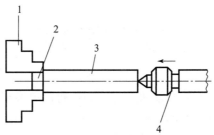

图 1 - 3 - 48　同步定心顶尖

1—卡盘；2—模柄；3—工件；4—定心顶尖

使用两个顶尖进行装夹。为了保证长圆柱形工件（如轴）在加工过程中同心旋转，可以使用两个顶尖进行装夹。通过定位销圆盘将卡盘与主轴安装在一起。主轴的旋转运动与切削力通过定位销和鸡心夹头传递至工件，如图1-3-49所示。

为了避免发生事故，禁止使用老化、开口的定位销圆盘。

5. 端面定位夹具

使用端面定位夹具，无须工件掉头就可以完成整个长度的加工。它通过同步定位螺栓来传递力矩，但同步定位螺栓会磨损工件的端面，如图1-3-50所示。

（六）刀具的装夹与校准

1. 刀架的种类

为了将刀具固定在通用车床上，通常可以使用以下几种刀架。

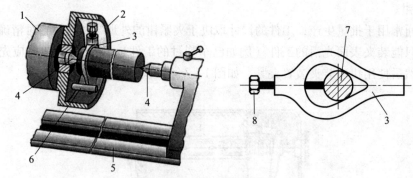

图1-3-49 双顶尖装夹

1—主轴；2—定位销圆盘；3—鸡心夹头；4—顶尖；

5—机架；6—定位销；7—工件；8—夹紧螺钉

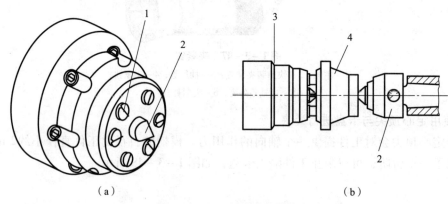

（a）　　　　　　　　　　　　（b）

图1-3-50 端面定位装夹

1—定位螺栓；2—定心顶尖；3—端面定位夹具；4—工件

1）单位刀架

单位刀架也称为紧固爪，只可以装夹一把车刀，每次更换车刀都要重新进行校准，因此比较浪费时间，如图1-3-51所示。

2）四方刀架

四方刀架可以同时装夹4把车刀，在加工过程中不必经常更换车刀，这样就可以缩短工具校准的时间，且每把车刀都可以按需调节角度，如图1-3-52所示。

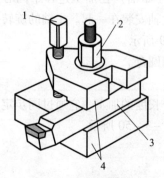

图1-3-51 紧固爪

1—调节螺钉；2—夹紧螺钉；

3—车刀；4—紧固爪

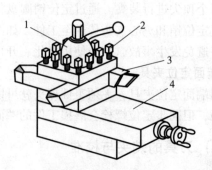

图1-3-52 四方刀架

1—夹紧装置；2—夹紧螺钉；

3—车刀；4—上刀架

3）快换刀架

快换刀架由两部分组成，即可拆卸的刀架以及固定的快速装夹装置。刀架上的车刀可以根据需要进行更换，如图 1-3-53 所示。

2. 车刀的校准

在车削加工中，卡盘与尾架通常是不可调节高度的。对刀时必须调整车刀高度，这个过程称为校准。在实际操作中，可调节上刀架的角度，使车刀刀刃对准尾架的顶尖，如图 1-3-54 所示。

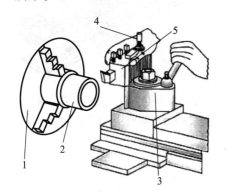

图 1-3-53 快换刀架

1—卡盘；2—工件；3—快速装夹装置；

4—高度调节；5—快换刀架

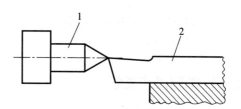

图 1-3-54 车刀校准

1—定心顶尖；2—车刀

（1）只有进行准确的车刀校准，才可以达到理想的切削过程，以及合适的前角和后角角度。

（2）当车刀位置偏下时，后角变大、前角变小，车刀就会切入工件，使表面不平整。

（3）当车刀位置偏上时，后角变小、前角变大，车刀会受到挤压。

车刀位置校准如图 1-3-55 所示。

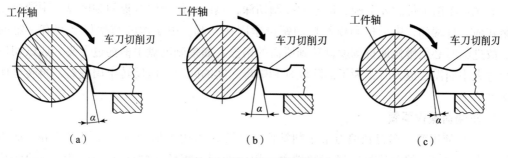

（a）　　　　　　　　　（b）　　　　　　　　　（c）

图 1-3-55 车刀位置校准

备注：当刀尖不能接触到工件表面时，反而会对切削过程产生副作用。

3. 直柄车刀与锥柄车刀的装夹

尾架除了作为长形元件的支座，还可用于夹紧刀具。通常可用于以下加工工序：钻孔；开槽；铰孔；对中心；进给，通过尾架的手轮进行控制。

锥柄车刀尾架套筒通常都为圆锥形。装夹刀具时，通过锥套使其两者的圆锥大小相配，如图 1-3-56 所示。

为了装夹直柄车刀需要使用钻卡头，钻卡头与刀柄共同装夹在套筒上，如图1-3-57所示。

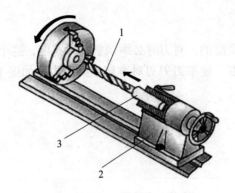
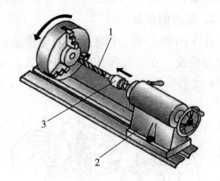

图1-3-56 锥柄车刀装夹

1—锥柄钻头；2—尾架；3—锥套

图1-3-57 直柄车刀装夹

1—直柄钻头；2—尾架；3—钻卡头

（七）车削操作要领

1. 车削外圆操作要领

（1）选择主轴转速和进给量，调整有关手柄位置。

（2）对刀。移动刀架，使车刀刀尖接触工件表面，对零点时必须开车（可使用贴纸对刀）。

（3）用刻度盘调整切削深度，并及时了解中滑板刻度盘的刻度值，即每转过一小格时车刀的横向切削深度值，然后根据切深，计算出需要转过的格数。

（4）试切。检查切削深度是否准确。

（5）纵向自动进刀车外圆。

（6）测量外圆尺寸。

备注：车削工件时要准确、迅速地控制切深，熟练地使用中滑板的刻度盘。中滑板刻度盘装在横丝杠端部，中滑板和横丝杠的螺母紧固在一起。由于丝杠与螺母之间有一定的间隙，故进给时必须慢慢地将刻度盘转到所需的格数。如果刻度盘手柄摇过了头，或试切后发现尺寸太小而需要退刀时，为了消除丝杠和螺母之间的间隙，应反转半周左右，再转至所需的刻度值上。

2. 车端面操作要领

（1）常使用弯头车刀和偏刀来车削端面。弯头车刀用主切削刃担任切削任务，适用于车削较大的端面。偏刀从外向里车削端面，用副切削刃担任切削任务，副切削刃的前角较小，不能够从里向外车削端面。

（2）安装工件时，要对其外圆及端面找正。

（3）安装车刀时，刀尖应严格对准工件中心，以免端面出现凸台，崩坏刀尖。

（4）端面质量要求较高时，最后一刀应由中心向外车削。

（5）车削大端面时，为使车刀准确地横向进给，应将大溜板紧固在床身上，用小刀架调整切削深度，如图1-3-58所示。

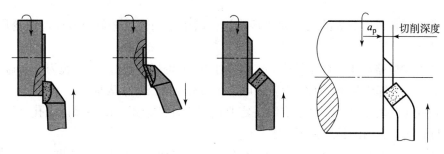

图 1 - 3 - 58　车端面操作要领

3. 切槽操作要领

（1）切槽时使用切槽刀。主切削刃切削，两侧为副切削刃。

（2）安装切槽刀，其主切削刃平行于工件轴线，与工件轴线等高，且刀杆不能伸出过长。

（3）切窄槽，主切削刃宽度等于槽宽，横向走刀一次将槽切出。

（4）切宽槽，主切削刃宽度小于槽宽，分几次横向走刀，切出槽宽；切出槽宽后，纵向走刀精车槽底，将槽切出，如图 1 - 3 - 59 所示。

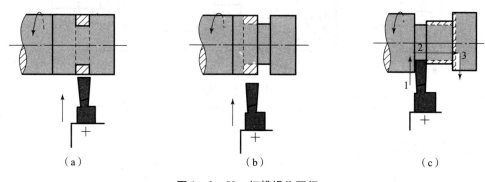

（a）　　　　　　　　　　（b）　　　　　　　　　　（c）

图 1 - 3 - 59　切槽操作要领

（a）第一次横向送进；（b）第二次横向送进；

（c）末一次横向送进后再以纵向送进精车槽底

（5）切断。切断车刀主切削刃较窄、刀头较长，在切断过程中，散热条件差、刀具刚度低，因此须减小切削用量或工作切断处靠近卡盘，以防止机床和工件的振动。

（6）安装切断刀时，刀尖要对准工件中心，刀杆与工件轴线垂直，刀杆不能伸出过长，但必须保证切断时刀架不碰卡盘。

（7）手动进给要均匀。快切断时，应放慢进给速度，以免刀头折断。

（8）切断钢时，需加切削液。

4. 镗孔及操作要领

（1）镗孔是对锻出、铸出或钻出孔的进一步加工，可扩大孔径、提高精度、减小表面粗糙度，还可以较好地纠正原来孔轴线的偏斜。

（2）镗孔可以分为粗镗、半精镗和精镗。精镗孔的尺寸精度可达 IT8 ~ IT7，表面粗糙度 Ra 值为 1.6 ~ 0.8 μm。一般主偏角为 45° ~ 75°，常取 60° ~ 70°。若主偏角大于 90°，则一般取 95°。

（3）镗刀杆伸出刀架处的长度应尽可能短，以增加刚性，避免因刀杆弯曲变形而使孔产生锥形误差。

（4）镗刀尖应略高于工件旋转中心，以减小振动和扎刀现象，防止镗刀下部碰坏孔壁，影响加工精度。刀杆要装正，不能歪斜，以防止刀杆碰坏已加工表面。

（5）镗孔工件的安装。工件装夹时一定要根据内外圆校正，既要保证内孔有加工余量，又要保证与非加工表面的相互位置要求。

（6）装夹薄壁孔件，不能夹得太紧，以防止工件变形，影响镗孔精度。对于精度要求较高的薄壁孔类零件，在粗加工之后、精加工之前，稍将卡爪放松（但夹紧力要大于切削力），再进行精加工。

（7）镗刀刀杆刚性差，加工时容易产生变形和振动。精镗时一定要采用试切方法，并选用比精车外圆更小的切削深度 a_p 和进给量 f，并要多次走刀，以消除孔的锥度。

（8）镗台阶孔和不通孔时，应在刀杆上用粉笔或划针作记号，以控制镗刀进入的长度，如图 1-3-60 所示。

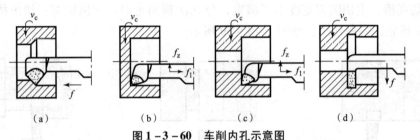

图 1-3-60 车削内孔示意图

（a）车削通孔；（b）车削盲孔；（c）车削台阶孔；（d）车削内沟槽

（八）其他加工方式

车削加工示意图如图 1-3-61 所示。

车床还可以进行以下操作：

（1）定中心；

（2）螺纹加工；

（3）车削圆锥；

（4）滚花加工。

1. 定中心

当工件的位置精度要求较高时，必须对工件进行定位，这通常是由尾架套筒上的定心顶尖来完成的。为了固定定心顶尖以及装配钻头，需要在工件的端面开中心孔。定中心时，中心钻通过卡盘与尾架套筒夹紧，车床带动工件旋转，通过手动控制套筒进行进给运动。

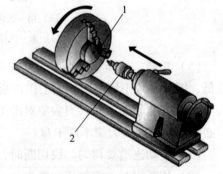

图 1-3-61 车削加工示意图

1—工件；2—钻卡头

中心钻可以分为 A、B、C、R 4 种型号，其各标准参数参照标准 DIN333。

通常采用 A 型中心钻，角度始终为 60°，规格由加工任务中的直径 d_1 和 d_2 确定，如图 1-3-62 所示。

中心孔标注方法参照标准 DIN332 第 10 部分内容。其符号可以分为 3 类，如图 1 - 3 - 63 所示。

中心钻（DIN333）
A型

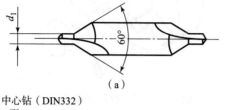

（a）

中心钻（DIN332）
A型

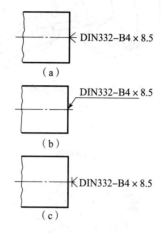

（b）

图 1 - 3 - 62　中心钻标准参数

DIN332-B4×8.5

（a）

DIN332-B4×8.5

（b）

DIN332-B4×8.5

（c）

图 1 - 3 - 63　中心孔标注方法

（1）中心孔必须留在工件上，如图 1 - 3 - 63（a）所示。

（2）中心孔允许留在工件上，如图 1 - 3 - 63（b）所示。

（3）中心孔不允许留在工件上，如图 1 - 3 - 63（c）所示。

备注：工件之间直径越大，中心孔的直径和深度也越大。中心孔的深度可以查阅相关手册。

2. 螺纹加工

螺纹的加工方法取决于螺纹类型、质量要求和齿数。

可以采取机械或者手动的方法通过车床来加工螺纹。

1）手动加工

使用工具（板牙、丝锥）进行手动加工，并且需要通过尾架套筒、顶尖等来进行定位，如图 1 - 3 - 64 所示。

2）机械加工

车螺纹时应使用成形车刀进行车削加工。应注意的是，车刀应垂直于旋转轴方向。工件每旋转一次所对应的车刀进给量称为螺距。丝杠通过螺母连接，其旋转运动与主轴的旋转运动保持同步，这样就可以保证在车螺纹时，始终保持一致的车削位置，如图 1 - 3 - 65 所示。

3）螺纹的基本要素

内、外螺纹总是成对使用的，如图 1 - 3 - 66 所示。内、外螺纹能否配合，以及配合的松紧程度主要取决于牙型角 α、螺距 P 和中径 D_2（d_2）3 个基本要素的精度。

牙型角 α：螺纹轴向剖面上相邻两牙侧之间的夹角，普通螺纹的牙型角为 $\alpha = 60°$。

中径 D_2（d_2）：假想圆柱直径，该圆柱的母线通过螺纹牙厚与牙槽宽相等的地方。

螺距 P：在相邻两牙中径线上两点之间的轴向距离。

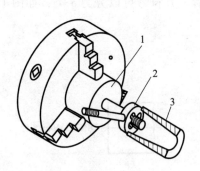

图 1 - 3 - 64　螺纹手动加工

1—工件；2—板牙；

3—套筒

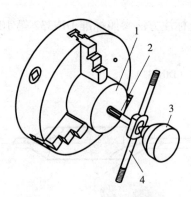

图 1 - 3 - 65　螺纹机械加工

1—工件；2—丝锥；3—定心顶尖；

4—螺纹攻扳手

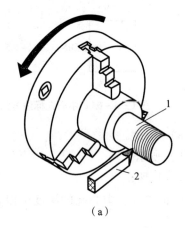

（a）

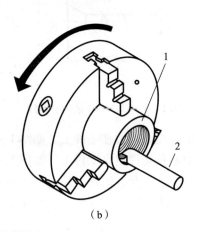

（b）

图 1 - 3 - 66　内、外螺纹加工

（a）外螺纹；

1—工件；2—直车刀

（b）内螺纹

1—工件；2—右偏车刀

普通螺纹的标注：例 M20 表示三角螺纹，牙型角 $\alpha = 60°$，公称直径为 20 mm，螺距 $P = 2.5$ mm（查普通螺纹标准），单线，右旋（在螺纹标注中省略）。

4）螺纹车削加工的选用参数

（1）车刀的刀尖角等于螺纹轴向剖面的牙型角 α；前角 $\gamma_0 = 0°$。粗车螺纹时为了改善切削条件，可用有正前角的车刀（$\gamma_0 = 5° \sim 15°$）。

（2）实际生产中为计算方便，可用以下近似公式确定孔径尺寸。

车削塑性材料的内螺纹时：$D \approx d - P$。

车削脆性材料的内螺纹时：$D \approx d - 1.05\,P$。

式中，d——螺纹公称直径（大径）；

　　　P——螺距。

5）螺纹车刀的安装要求

（1）刀尖必须与工件旋转中心等高。

（2）刀尖角的平分线必须与工件轴线垂直。因此，要用对刀样板对刀，如图 1 - 3 - 67 所示。

6）车螺纹前对工件的要求

（1）螺纹外径：比公称直径小 0.1P。

螺纹外径：D = 公称直径 $-0.1P$。

（2）退刀槽：车螺纹前在螺纹的终端应有退刀槽，以便车刀及时退出。

（3）倒角：螺纹的起始部位和终端应有倒角，且倒角的小端直径小于螺纹底径。

（4）牙型高度：牙顶到牙底之间垂直于螺纹轴线的距离。它是车削时车刀的总切入深度，最后几刀的切削深度越小，螺纹质量越好。

图 1 - 3 - 67　对刀样板

1—工件；2—对刀样板

7）螺纹车削的步骤

（1）调整车床：转动手柄接通丝杠，根据工件的螺距或导程调整进给箱外手柄位置，达到螺纹参数要求。

（2）开车，对刀并记下刻度盘读数，向右退出车刀。

（3）合上开合螺母，在工件表面上车出一条螺旋线，横向退出车刀，并开反车把车刀退到右端，停车检查螺距是否正确（钢尺、螺纹样板）。

（4）开始切削，利用刻度盘调整切深（逐渐减小切深）。

螺纹切削步骤如图 1 - 3 - 68 所示。

注意：操作中，车刀终了时应做好退刀、停车准备，先快速退出车刀，然后开反车退回刀架。吃刀深度控制：粗车时 $t = 0.15 \sim 0.3$ mm，精车时 $t < 0.05$ mm。

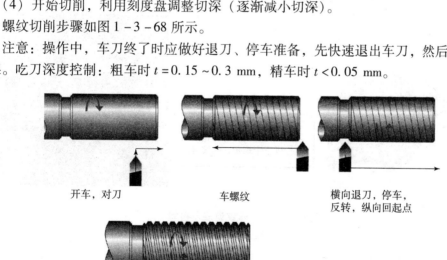

图 1 - 3 - 68　螺纹切削步骤

8）螺纹车削进刀方式

（1）螺纹中径是靠控制多次进刀的总切深量来保证的。车螺纹时每次切深量要减小，总切深量等于螺纹工作牙高，其通常借助于螺纹量规来测量。

（2）螺纹车削的进刀方法主要有直进法、左右车削法和斜进法，如表 1 - 3 - 9 所示。

表1-3-9　螺纹车削的进刀方法

进刀方法	加工示意	加工特点	适用范围
直进法		垂直进刀，两刀刃同时车削	适用于小螺距螺纹的加工
左右车削法		垂直进刀＋小刀架左右移动，只有一条刀刃切削	适用于所有螺距螺纹的加工
斜进法		垂直进刀＋小刀架向一个方向移动	适用于较大螺距螺纹的粗加工

9）螺纹的测量

检验三角螺纹的常用量具是螺纹量规，如图1-3-69所示。螺纹量规是综合性检验量具，分为塞规和环规两种。塞规检验内螺纹，环规检验外螺纹，并由通规、止规两件组成一副。螺纹工件只有在通规可通过、止规通不过的情况下为合格品，否则零件为不合格品。

用通规、止规检测螺纹：通规能拧到螺纹底部，止规只能拧进三个螺距，螺纹合格

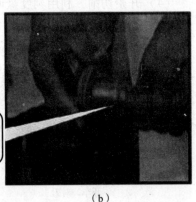

（a）　　　　　　　　　　　　　　　　　（b）

图1-3-69　螺纹量规及检验

（a）螺纹量规；（b）螺纹的检验

10）影响螺纹车削"乱牙"的原因

（1）车床丝杠螺距不是工件螺距的整数倍，加工时没有采用倒顺车进行车削，而是采用提闭开合螺母进行车削。

（2）车床螺距是工件螺距的整数倍，可以采用提闭开合螺母的方法进行车削。但若在后次走刀中没有将开合螺母全部闭合上，则会造成工件和车刀错位，产生乱牙。

（3）开合螺母间隙过大、松动，车削过程中开合螺母自动上抬，也会造成工件和车刀错位，产生乱牙。

（4）丝杠轴向间隙太大，车削过程中产生轴向窜动。

（5）加工过程中，磨刀、换刀没有重新校对车刀。

（6）工件没有夹紧，加工过程中工件在卡盘内转动或轴向移动；车刀没能紧固，加工过程中车刀在轴向发生移动。

3. 退刀槽

退刀槽有两个主要作用：

（1）确定配合面的位置。

（2）确定工具退刀。在螺纹加工时的退刀槽如图 1 - 3 - 70 所示。

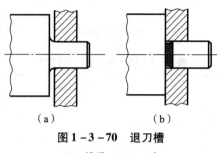

图 1 - 3 - 70　退刀槽

（a）错误；（b）正确

DIN76 标准第 1 部分根据退刀槽的长度以及螺纹的长度将其分为两种结构，最小退刀槽（g_1）和最大退刀槽（g_2）。

1）外螺纹

外螺纹分为 A 型（标准）和 B 型（短）两种结构。

根据 DIN 标准，当图纸上没有其他说明时，采用 A 型结构，如图 1 - 3 - 71 所示。根据标准 ISO 4755—1983，g_2 的大小从 3P 变更为 3.5P。只有在因为技术原因，必须使用较短退刀槽的情况下才采用 B 型结构。这种螺纹退刀槽用于一些特殊的螺纹加工刀具。ISO 4755—1983 中并不包括这部分内容。

2）内螺纹

内螺纹分为 C 型（标准）和 D 型（短）两种结构。

根据 DIN 标准，当图纸上没有其他说明时，采用 C 型结构，如图 1 - 3 - 72 所示。只有因为技术问题必须使用较短退刀槽的情况下才采用 D 型结构。

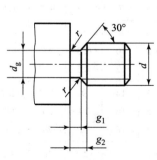

图 1 - 3 - 71　外螺纹结构

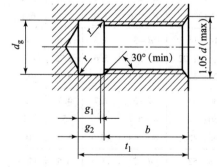

图 1 - 3 - 72　内螺纹结构

3）退刀槽计算案例

举例：

M10 外螺纹的螺纹退刀槽标准 DIN76 - A：

如表 1 - 3 - 10 所示，所得的退刀槽直径：

$$d_g = d - 2.3$$

$$d_g = 10 \text{ mm} - 2.3 \text{ mm} = 7.7 \text{ mm}$$

最大退刀槽：

$$g_2 = 3.5 \times P$$

$$g_2 = 3.5 \times 1.5 \text{ mm} = 5.2 \text{ mm}$$

退刀槽半径：

$$r = 0.8 \text{ mm}$$

表 1 - 3 - 10　螺纹退刀槽参数　　　　　　　　　　　mm

项目	螺纹公制直径	螺纹退刀槽										r
		d_g	g_1（min）		g_2（max）		d_g	g_1（min）		g_2（max）		
		h13	A	B	A	B	h13	C	D	C	D	
0.2	—	$d - 0.3$	0.45	0.25	0.7	0.5	$d + 0.1$	0.8	0.5	1.2	0.9	0.1
0.25	1；1.2	$d - 0.4$	0.55	0.25	0.9	0.6	$d + 0.1$	1	0.6	1.4	1	0.12
0.3	1.4	$d - 0.5$	0.6	0.3	1.05	0.75	$d + 0.1$	1.2	0.75	1.6	1.25	0.16
		$d - 0.5$										
0.35	1.6；1.7；1.8	$d - 0.6$	0.7	0.4	1.2	0.9	$d + 0.2$	1.4	0.9	1.9	1.4	0.16
0.4	2；2.3	$d - 0.7$	0.8	0.5	1.4	1	$d + 0.2$	1.6	1	2.2	1.6	0.2
0.45	2.2；2.5；2.6	$d - 0.7$	1	0.5	1.6	1.1	$d + 0.2$	1.8	1.1	2.4	1.7	0.2
0.5	3	$d - 0.8$	1.1	0.5	1.75	1.25	$d + 0.3$	2	1.25	2.7	2	0.2
0.6	3.5	$d - 1$	1.2	0.6	2.1	1.5	$d + 0.3$	2.4	1.5	3.3	2.4	0.4
0.7	4	$d - 1.1$	1.5	0.8	2.45	1.75	$d + 0.3$	2.8	1.75	3.8	2.75	0.4
0.75	4.5	$d - 1.2$	1.6	0.9	2.6	1.9	$d + 0.3$	3	1.9	4	2.9	0.4
0.8	5	$d - 1.3$	1.7	0.9	2.8	2	$d + 0.3$	3.2	2	4.2	3	0.4
1	6；7	$d - 1.6$	2.1	1.1	3.5	2.5	$d + 0.3$	4	2.5	5.2	3.7	0.6
1.25	8	$d - 2$	2.7	1.5	4.4	3.2	$d + 0.5$	5	3.2	6.7	4.9	0.6
1.5	10	$d - 2.3$	3.2	1.8	5.2	3.8	$d + 0.5$	6	3.8	7.8	5.6	0.8
1.75	12	$d - 2.6$	3.9	2.1	6.1	4.3	$d + 0.5$	7	4.3	9.1	6.4	1
2	14；16	$d - 3$	4.5	2.5	7	5	$d + 0.5$	8	5	10.3	7.3	1
2.5	18；20；22	$d - 3.6$	5.6	3.2	8.7	6.3	$d + 0.5$	10	6.3	13	9.3	1.2
3	24；27	$d - 4.4$	6.7	3.7	10.5	7.5	$d + 0.5$	12	7.5	15.2	10.7	1.6
3.5	30；33	$d - 5$	7.7	4.7	12	9	$d + 0.5$	14	9	17.7	12.7	1.6
4	36；39	$d - 5.7$	9	5	14	10	$d + 0.5$	16	10	20	14	2
4.5	42；45	$d - 6.4$	10.5	5.5	16	11	$d + 0.5$	18	11	23	16	2
5	48；52	$d - 7$	11.5	6.5	17.5	12.5	$d + 0.5$	20	12.5	26	18.5	2.5
5.5	56；60	$d - 7.7$	12.5	7.5	19	14	$d + 0.5$	22	14	28	20	3.2
6	64；68	$d - 8.3$	14	8	21	15	$d + 0.5$	24	15	30	21	3.2
所给的尺寸相当于		—	—	—	3.5P	2.5P	—	4P	2.5P	—	—	0.5P

4. 车削圆锥

1）圆锥的参数

（1）D 为大端直径；

（2）d 为小端直径；

（3）L 为圆锥长度；

（4）α 为圆锥角；

（5）$\dfrac{\alpha}{2}$ 为圆锥斜角；

（6）C 为锥度；

（7）$1:x$ 为锥度比；

（8）V_{Rmax} 为尾架最大调节量；

（9）I_{w} 为工件长度。

圆锥参数如图 1–3–73 所示，通常只给出圆锥的两个直径与长度，则圆锥斜度计算公式如下：

$$\tan\frac{\alpha}{2} = \frac{D-d}{2L} = \frac{C}{2}$$

$$C = \frac{D-d}{L} = 1:x$$

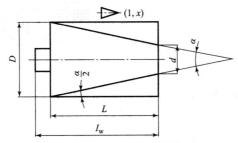

图 1–3–73 圆锥参数

2）车削圆锥度计算案例

案例 1

$D = 160$ mm；

$d = 120$ mm；

$L = 300$ mm。

$$\tan\frac{\alpha}{2} = \frac{D-d}{2L} = \frac{160-120}{2\times300} = 0.066\,7$$

$$\frac{\alpha}{2} = 3.81°$$

$\tan\dfrac{\alpha}{2}$ 与 $\dfrac{\alpha}{2}$ 之间的换算可以使用计算器或者查阅相关手册。

案例 2

$D = 160$ mm；

$d = 120$ mm；

$L = 300$ mm。

$$C = \frac{D - d}{L} = \frac{160 - 120}{300} = 0.133\ 3$$

因此锥度比为 1:7.5。

3）车削圆锥的加工方法

（1）调节上刀架车削圆锥。

调节上刀架的角度，使其与圆锥斜角相同，就可以车削较短的锥形工件。圆锥长度受到上刀架轴向调节能力的限制，由手动完成进给，如图 1 - 3 - 74 所示。

（2）使用导向板车削圆锥。

使用导向板可以对长形圆锥进行车削，其圆锥斜角可以达到 20°以内，通过光杠完成进给，如图 1 - 3 - 75 所示。

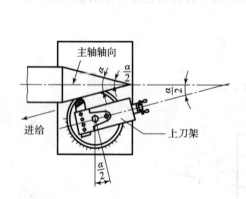

图 1 - 3 - 74　调节上刀架车销圆锥

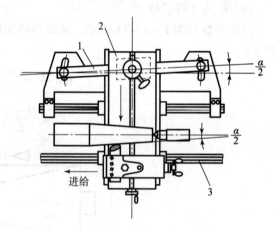

图 1 - 3 - 75　使用导向板车削圆锥
1—导向板；2—横刀架；3—光杠

（3）调节尾架车削圆锥。

通过调节尾架，工件会偏离轴向位置，距离为 s。锥度的大小取决于尾架调节的位置，这种方法适用于车削又细又长的工件。为了确保工件准确定位，应使用 R 型中心钻，其通过光杠完成进给，如图 1 - 3 - 76 所示。

4）内圆锥与外圆锥的检验

圆锥结合具有同轴度高、自锁性好、密封性好及间隙和过盈可以调整等优点，因此它的表面情况，包括表面粗糙度、尺寸精度、外形精度十分重要，尺寸精度以及外形精度可以通过特定的检验工具进行检验。对于内圆锥的检验需要使用锥度塞规。

锥度塞规与锥度套筒上的公差范围刻线标识着极

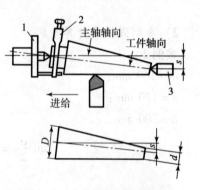

图 1 - 3 - 76　调节尾架车削圆锥
1—定位销圆盘；2—定位销；
3—尾架顶尖

限的公差范围。当工件尺寸符合要求时，它的大端直径位于锥度塞规的刻线范围内，小端直径位于锥度套筒的刻线范围内。在使用塞规和套筒检验圆锥前，应先在塞规和工件的轴向涂上薄薄的油脂，然后转动圆锥和塞规，当油脂均匀地分布在圆锥表面时，说明它们的外形尺寸非常相配，如图1-3-77所示。

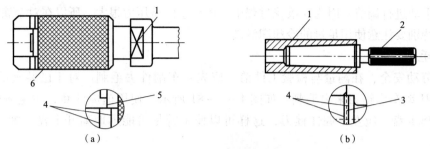

图1-3-77 锥度塞规及内锥检验

1—工件；2—锥度塞规；3—工件直径（D）；4—公差范围刻线；5—工件直径（d）；6—锥度套筒

5. 滚花

滚花就是把圆柱形工件表面打毛，而且并不产生切屑。滚花时将附带手柄的带齿钢轮挤压在已车削的工件上，齿轮就会在工件表面形成所需的滚花，因此外圆的实际直径要比标准直径小，如图1-3-78所示。

根据标准DIN82进行分类定义，滚花可以分为3种类型，如图1-3-79所示。

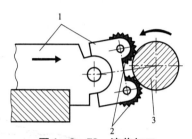

图1-3-78 滚花加工

1—滚花刀杆；2—滚花小轮；3—工件

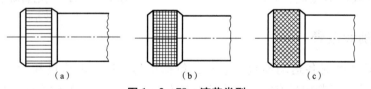

图1-3-79 滚花类型

（a）直纹滚花；（b）方纹滚花；（c）网纹滚花

（1）直纹滚花。

直纹滚花（RAA）外圆直径：

$$d_2 = d_1 - 0.5t$$

（2）方纹滚花。

凸方纹（RKE）外圆直径：

$$d_2 = d_1 - 0.67t$$

凹方纹（RKV）外圆直径：

$$d_2 = d_1 - 0.33t$$

（3）网纹滚花。

凸网纹（RGE）外圆直径：

$$d_2 = d_1 - 0.67t$$

凹网纹（RGV）外圆直径：

$$d_2 = d_1 - 0.33t$$

滚花的表示方法如图1-3-80所示。

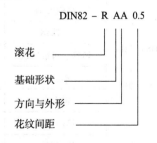

DIN82 - R AA 0.5

滚花

基础形状

方向与外形

花纹间距

图1-3-80 滚花的表示方法

备注：滚花时工件的圆周速度约为 25 m/min，通常通过光杠进行进给，并根据所加工的材料，手动进行调节。因为在滚花过程中，所产生的挤压力很大，所以在对金属材料进行滚花时，特别要注意使用足量的冷却润滑液。

6. 去毛刺

基于劳动安全，在测量与检验工件前，应先对车削件去毛刺。对于已装夹的车削件，可以使用 H 型车床锉刀来去毛刺，如图 1 – 3 – 81 所示。使用前应注意，去毛刺时，锉纹方向应远离卡盘；应左手握住锉刀，这样可以使手臂尽可能远地离开卡盘，如图 1 – 3 – 82 所示。

图 1 – 3 – 81　H 型车床锉刀

图 1 – 3 – 82　去毛刺动作要领

1—旋转方向

（九）车削参数表

切削用量是切削时各运动参数的总称，包括切削速度、进给量和背吃刀量（切削深度）。与某一工序的切削用量有密切关系的刀具寿命，一般分为该工序单件成本最低的经济寿命和最大生产率寿命两类。按前者选择的切削用量称为最低成本切削用量，这是在一般情况下所采用的；按后者选择的切削用量称为最大生产率切削用量，一般在生产任务较为紧迫时使用。通常按照刀具类型选择车削参数，如表 1 – 3 – 11 所示。

表 1 – 3 – 11　刀具车削参数

项目	工件材料		切削速度 v_c/（m·min^{-1}）	进给量 f/（mm·r^{-1}）	切削深度 a_p/mm
	材料组别	抗拉强度 Rm 或硬度 HB			
HSS 刀具车削标准值	低强度钢	$Rm \leq 800$ N/mm^2	40 ~ 80	0.1 ~ 0.5	0.5 ~ 4.0
	高强度钢	$Rm > 800$ N/mm^2	30 ~ 60		
	不锈钢	$Rm \leq 800$ N/mm^2	30 ~ 60		
	铸铁、可锻铸铁	≤ 250HB	20 ~ 35		
	铝合金	$Rm \leq 350$ N/mm^2	120 ~ 180		
	铜合金	$Rm \leq 500$ N/mm^2	100 ~ 125		
	热塑塑料	—	100 ~ 500		
	热固塑料	—	80 ~ 400		

项目	工件材料		切削速度 $v_c/(\mathrm{m \cdot min^{-1}})$	进给量 $f/$ $(\mathrm{mm \cdot r^{-1}})$	切削深度 a_p/mm
	材料组别	抗拉强度 Rm 或硬度 HB			
涂层硬质合金刀具车削标准值	低强度钢	$Rm \leqslant 800\ \mathrm{N/mm^2}$	$200 \sim 350$	0.1 ~ 0.5	0.3 ~ 5.0
	高强度钢	$Rm > 800\ \mathrm{N/mm^2}$	$100 \sim 200$		
	不锈钢	$Rm \leqslant 800\ \mathrm{N/mm^2}$	$80 \sim 200$		
	铸铁、可锻铸铁	$\leqslant 250\mathrm{HB}$	$100 \sim 300$		
	铝合金	$Rm \leqslant 350\ \mathrm{N/mm^2}$	$400 \sim 800$		
	铜合金	$Rm \leqslant 500\ \mathrm{N/mm^2}$	$150 \sim 300$		
	热塑塑料	—	$500 \sim 2\,000$		
	热固塑料	—	$400 \sim 1\,000$		

（十）练习与答案

现要精车直径为 75 mm 的 C35 轴，使用可转位刀片，材料为涂层的硬质合金，车刀编号为 DIN4972 – R2020 – P15，请根据表 1 – 3 – 11，求车速及进给速度分别为多少。

解：从表 1 – 3 – 11 中可查得切削速度 $v_c = 315$ m/min，$f = 0.1$ mm/r，即

$$v_c = \frac{\pi \cdot d \cdot n}{1\,000}$$

$$n = \frac{v_c \cdot 1\,000}{\pi \cdot d} = \frac{315 \times 1\,000}{3.14 \times 75}$$

解得 $n = 1\,338$ r/min。故

$$v_f = n \cdot f = 1\,338 \times 0.1$$
$$= 133.8\ (\mathrm{mm/min})$$

四、车床的维护与保养

（一）车床的润滑

车床工作前应对上刀架、横刀架、纵刀架的导轨进行清洁和润滑。

（1）按照生产商提供的润滑图表对车床所有的润滑处进行润滑。

（2）使用前应对夹具、工具和量具进行检查。

（3）根据生产商提供的说明书来开关车床。

（4）当车床有异常情况（如异声）、卡盘倾斜或者损坏时，应及时报告。

（5）及时清除冷却槽内过量的冷却液。

（6）确保冷却液不受污染、不含杂质。

（7）针对检查表进行检查。

车床维护保养点及保养要求如图 1 – 3 – 83 和表 1 – 3 – 12 所示。

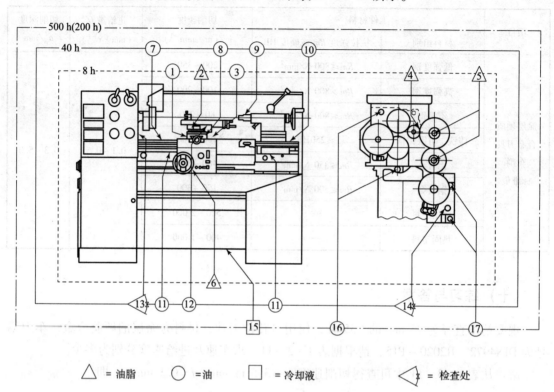

△ = 油脂　　○ = 油　　□ = 冷却液　　◁ = 检查处

图 1 – 3 – 83　车床维护保养点

表 1 – 3 – 12　车床维护保养要求

序号	保养润滑处	保养要求	工作时间/h
1	横刀架	导轨油	8
2	横向主轴螺母	油脂	8
3	纵刀架	导轨油	8
4	齿轮	油脂	8
5	轴颈	油脂	8
6	溜板箱	油脂	8
7	纵刀架导轨	导轨油	40
8	横刀架导轨	导轨油	40
9	尾架套筒	导轨油	40
10	尾架导轨	导轨油	40
11	丝杠	导轨油	40
12	上刀架导轨	导轨油	40

序号	保养润滑处	保养要求	工作时间/h
13	视孔玻璃 – 主轴箱	检查处	40
14	视孔玻璃 – 进给箱	检查处	40
15	冷却槽	冷却液（20 L）	500
16	主轴箱的注油排油口	变速器油（1.3 L）	200（500）
17	进给箱的注油排油口	变速器油（0.75 L）	500

（二）润滑液和冷却液

车床各部件润滑液和冷却液的选择如表 1 – 3 – 13 所示。

表 1 – 3 – 13　车床各部件冷却液和润滑液的选择

使用范围	冷却液	润滑液种类
主轴箱 进给箱	液压油 HLP DIN51524/2 ISO VG46	BP Energol HLP46 CASTROL Vario HDK ESSO Nuto H646 KLÜBER Croucolan46 MOBIL DTE25
轨道 尾架套筒	导轨油 CGL DIN51502 ISO VG68	BP Maccurat68 CASTROL Magnaglide ESSO Febis K68 KLÜBER Lamora Super Pollad68 MOBIL Vactra2
所有的油脂润滑处 接头 齿轮	油脂 DIN51804/T1NLGI2 DIN518071	EMCO Gleitpaste BP L2 CASTROL Greace MS3 KLÜBER Altemp QNB50 MOBIL Mobilgreace Special RÖHM F80
金属加工	冷却液	CASTROL Syntilo R Plus CASTROL DC282 CASTROL Alusol B BP Fedaro BP Olex BP Bezora

（三）检查列表

车床的检查项目如表 1 - 3 - 14 所示。

表 1 - 3 - 14　车床检查项目清单

□检查车床是否有机械损坏（如夹具、控制元件）
□电子设备的检查（如急停按钮）
□油面的检查
□按照生产商提供的润滑图表进行润滑
□冷却系统检查
□照明系统检查
□根据劳动保护法规对车床周围进行检查
□试运行

知识四　铣削加工知识库

一、铣削的基础知识

通过铣削可以进行平面或者曲面的加工，例如凹槽、齿轮、V形槽的加工。每个加工任务都必须有适合的工具，即铣刀。铣削加工方法总体上可以理解为使用铣刀进行一定形状的几何切割。在加工过程中，每个切削面上可能使用到一个或多个刀刃。

（一）铣削方法

根据 DIN8589 标准（第3部分），铣削方法的分类如图 1-4-1 所示。

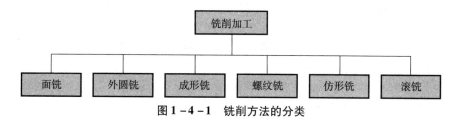

图 1-4-1　铣削方法的分类

（二）铣床的运动

1. 主运动

铣刀通过圆形的切削运动来完成铣削加工。工具旋转的次数称为转速（n），单位为转/分（r/min）。

在进行进给运动加工前，待加工件应夹紧在铣床工作台上。通过操纵装置，工作台可以在任一方向进行移动。通常通过 Z 轴方向的运动来进行高度调节，横向轴（X）和纵向轴（Y）标识了工件在水平面上的空间位置。如图 1-4-2 所示的铣床是通过调节铣刀头来控制 Y 轴的，而不是调节工作台面。铣床的工作台面以及铣床头有一个进给量，这个进给量（f）代表铣床工作台相对于铣刀的单位位移量，如图 1-4-2 所示。

因为在切削过程中不一定会同时用到铣刀的所有刀刃，所以这个进给量也称为每齿进给量（f_z）。

图 1-4-2　铣床主运动

2. 铣削用量

铣削加工中通过铣削深度（a_p）和铣削宽度（a_e）来标识铣削用量。对于铣削用量可以通过图1-4-3所示的假定工作平面来进行直观表示。铣刀的切削方向以及工件的进给方向如图1-4-3所示。切削深度（a_p）通常是垂直于工作平面的深度。

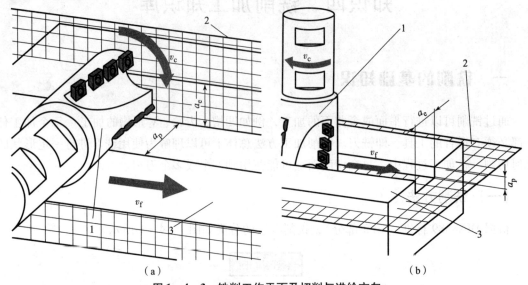

（a）　　　　　　　　　　　　　　　　（b）

图1-4-3　铣削工作平面及切削与进给方向

1—铣刀；2—工作平面；3—工件

（三）铣刀的几何角度

1. 切削刃与面

所有切削刀具都是通过楔形的刀刃来完成切削加工的。有些铣削刀具，例如套式立铣刀，在切削加工过程中除了主切削刃外，也需要用到副切削刃。铣刀各个切削刃的位置以及面如图1-4-4所示。

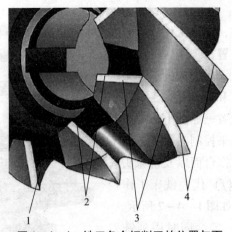

图1-4-4　铣刀各个切削刃的位置与面

1—前面；2—副切削刃；3—后面；4—主切削刃

2. 铣刀角度

1）楔角β

前面与后面之间的夹角称为楔角。工件为刚性材料时，应选择较大的楔角；工件为韧性材料时，应选择相对较小的楔角。

2）后角α

后面与切削平面之间的夹角称为后角。在金属加工中，后角通常为6°~8°。

3）前角γ

前面与基面之间的夹角称为前角，它对切屑的形成有着重要的影响。

楔角β、后角α、前角γ的示意图如图1-4-5所示。

4）刃倾角λ

刃倾角λ会对刀刃处的切屑形成产生影响，并且可以减小表面粗糙度和切削过程中产生的共振，如图1-4-6所示。

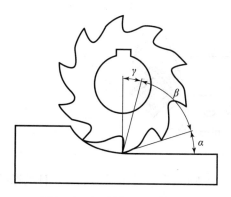

图1-4-5　楔角β、后角α、
前角γ的示意图

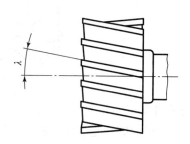

图1-4-6　铣刀刃倾角λ

使用可转位刀片时，前角γ是通过刀片的位置来确定的，而刀片的位置取决于所选的铣刀头。轴向前角和径向前角可以为正，也可以为负。由图1-4-7可以看出，轴向前角γ_a与铣刀主轴有关，γ_r为径向前角。

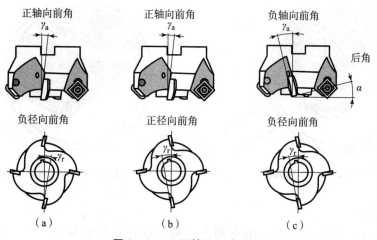

图1-4-7　可转位刀片角度

在粗加工过程中，切削力比较大，所以轴向前角和径向前角应为负，这种结构称为双负前角。另外其楔角应为 90°。在切削加工中，可通过倾斜可转位刀片来达到所要求的后角。

双正前角的铣刀所产生的切削力较小。在这种结构中，轴向前角和径向前角均为正，通常适用于较薄工件的加工。

最常用的结构为正负前角，即轴向前角为正、径向前角为负。它不但能提供一个较小的切削力，还能提高刀具抗冲击的性能，确保了较大的进给和切削深度。

（四）铣削刀具磨损

在铣削加工时，并不会同时使用所有的刀刃，否则会造成刀刃的损坏。铣刀刀刃承受着负荷与温度变化，从而会造成各种磨损。图 1 - 4 - 8 所示为可转位铣刀。

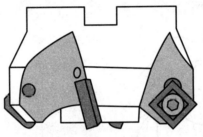

图 1 - 4 - 8　可转位铣刀

1. 表面磨损

铣刀最常见的磨损是表面磨损，如图 1 - 4 - 9 所示。它是由后刀面与工件的摩擦所造成的。当每齿进给量过小或者逆铣时，就会增大表面磨损。

2. 月牙洼磨损

当工具温度过高时容易形成月牙洼磨损，如图 1 - 4 - 10 所示。切削过程中温度上升，导致刀刃材质流失，从而产生月牙洼磨损。当刀具既有表面磨损又有月牙洼磨损时，它的切削楔角会发生变化，从而影响切削质量。

图 1 - 4 - 9　表面磨损

图 1 - 4 - 10　月牙洼磨损

3. 横向裂纹

当选用的刀片齿数不足时，由于冲击负荷，故容易形成横向裂纹，如图 1 - 4 - 11 所示。

4. 纵向裂纹

过于频繁的温度变化所引起的膨胀与收缩会造成原材料的疲劳，以致在刀刃上产生纵向裂纹，如图1-4-12所示。

图1-4-11　横向裂纹

图1-4-12　纵向裂纹

5. 崩刃与脱落

切削力过大、温度变化、刀片齿数过少都会造成崩刃和脱落，如图1-4-13所示。

6. 积屑瘤

较小的切削速度会在刀刃上形成积屑瘤，如图1-4-14所示。碎屑的形成非常快，当积累到一定大小后就会脱落，但很快又会形成。这一过程在切削加工过程中总是不断重复的。有些碎屑会在切削表面滑动，而有些碎屑会黏附在工件表面。较硬的碎屑和刀瘤会对铣刀造成损坏。

图1-4-13　崩刃与脱落

图1-4-14　积屑瘤

（五）铣削加工参数的计算

1. 铣削切削速度

主轴转速的选择主要取决于以下因素：

（1）工件材料；

（2）工具材料；

（3）加工方法（粗、精）。

主轴的转速是通过切削速度公式来计算的。

切削速度计算公式：

$$v_c = \pi \cdot d \cdot n$$

主轴转速计算公式：

$$n = \frac{v_c}{\pi d}$$

式中，v_c——切削速度，m/min；

d——铣刀直径，mm。

备注：由于切削材料和涂层的多样性，故要注意刀具提供商的标准值。

计算举例1：

已知：d = 40mm，v_c = 50 m/min，求 n。

$$n = \frac{50 \times 1\,000}{3.14 \times 40} = 398.1\,(\text{r/min})$$

计算举例2：

已知：n = 200 r/min，d = 50 mm，求 v_c。

$$v_c = d \cdot \pi \cdot n = \frac{50 \times 3.14 \times 200}{1\,000} = 31.4\,(\text{m/min})$$

2. 铣削进给量

如图 1-4-15 所示，进给量是通过每齿进给量（f_z）和铣刀齿数（z）来计算的。每齿进给量可参照齿数进给量表进行选择。

$$f = f_z \cdot z$$

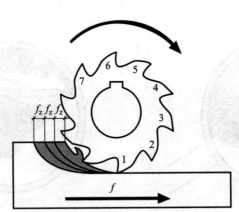

图 1-4-15　铣削进给量

3. 进给速度

进给速度（v_f）由进给量（f）和转速（n）的乘积计算。

$$v_f = f \cdot n$$

4. 每分钟金属切除量

每分钟金属切除量是指每分钟内切除的工件体积（Q），它是切削深度（a_p）、切削宽度（a_e）和进给速度（v_f）的乘积。

$$Q = a_p \cdot a_e \cdot v_f$$

每分钟金属切除量与切削速度和切削刀具的刃数有关。

5. 工作台行程长度

工作台行程长度（L）是工件长度（l）、附加行程长度（l_s）、切入行程长度（l_a）、切出行程长度（l_u）的总和，如图 1–4–16 所示。根据不同的铣削方式，工作台行程长度分为两类，即粗铣工作台行程长度和精铣工作台行程长度。

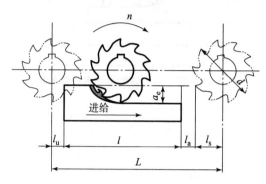

图 1–4–16 工作台行程长度

1）附加行程长度

附加行程长度（l_s）是指铣刀刚刚接触到工件直至完全切入的行程长度。圆周铣和台阶铣时，公式为

$$l_s = \sqrt{d \cdot a_e - a_e^2}$$

式中，d——铣刀的直径，mm。

端铣时，公式为

$$l_s = \frac{1}{2} \cdot \sqrt{d - a_e^2}$$

槽铣时无附加行程长度，因为铣刀为直接切入。

2）切入行程长度和切出行程长度

切削前，铣刀与工件的距离称为切入行程长度（l_a）。切削完成并且铣刀离开工件后，其之间的距离称为切出行程长度（l_u）。

3）各种情况下工作台行程长度的计算

在实际应用中，考虑到不同的铣削方式（如圆周铣）与加工方法（如粗铣），工作台行程长度的计算方法也各不相同。

（1）圆周铣。

采用圆周铣方式时，粗铣和精铣的工作台行程长度是相同的，即

$$L = l + l_s + l_a + l_u$$

（2）台阶铣。

在精铣时，最重要的要求是工件表面尺寸的精确性和表面粗糙度。而粗铣时，首要的目的是尽快地排除切屑。基于各种铣削方法，精铣比粗铣的行程长度更长。当铣刀的最大直径通过工件后，就不再排屑，此后的加工只是保持加工表面的一致性。

台阶铣的工作台行程长度如图 1–4–17 所示。

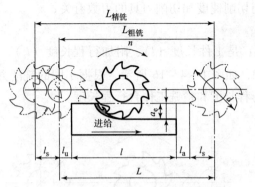

图 1 – 4 – 17　台阶铣的工作台行程长度

粗铣：

$$L_{粗铣} = l + l_s + l_a + l_u$$

精铣：

$$L_{精铣} = l + 2l_s + l_a + l_u$$

（3）端铣（对称型）。

在端铣时，粗铣和精铣的工作台行程长度也是不同的，如图 1 – 4 – 18 所示。

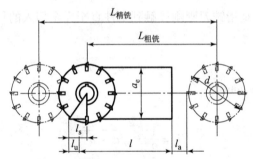

图 1 – 4 – 18　端铣工作台行程长度

粗铣：

$$L_{粗铣} = l + \frac{d}{2} + l_a + l_u - l_s$$

精铣：

$$L_{精铣} = l + d + l_a + l_u$$

6. 切削时间

切削时间（t_h）是通过工作台行程长度（L）、铣削行程次数（i）和行程速度（v_f）来计算的。

$$t_h = \frac{L \cdot i}{v_f}$$

$$t_h = \frac{L \cdot i}{n \cdot f}$$

7. 铣削加工参数选择

铣削加工参数可以通过表 1 – 4 – 1 和表 1 – 4 – 2 进行选择。

表1-4-1　刀具铣削加工参数

工件材料	加工方法	套式立铣刀 快速钢 f_z/(mm·z⁻¹)	套式立铣刀 快速钢 v_c/(m·min⁻¹)	套式立铣刀 硬质金属 f_z/(mm·z⁻¹)	套式立铣刀 硬质金属 v_c/(m·min⁻¹)	端铣刀 硬质金属 f_z/(mm·z⁻¹)	端铣刀 硬质金属 v_c/(m·min⁻¹)	端铣刀 快速钢 f_z/(mm·z⁻¹)	端铣刀 快速钢 v_c/(m·min⁻¹)	圆盘铣刀 硬质金属 f_z/(mm·z⁻¹)	圆盘铣刀 硬质金属 v_c/(m·min⁻¹)
纯钢	粗铣	0.1~0.2	40~30	0.1~0.45	150~80	0.2~0.5	180~80	0.1~0.2	80~40	0.1~0.4	160~80
纯钢	精铣	0.05~0.1		0.1~0.2	280~100	0.1~0.2	200~100	0.05~0.1		0.05~0.2	180~100
低合金钢	粗铣	0.1~0.2	30~25	0.1~0.35	120~70	0.2~0.5	140~70	0.1~0.15	125~30	0.1~0.4	140~70
低合金钢	精铣	0.05~0.1		0.1~0.2	300~100	0.1~0.2	180~90	0.05~0.1		0.05~0.2	180~90
高合金钢	粗铣	0.1~0.2	20~15	0.1~0.25	100~50	0.1~0.35	100~60	0.1~0.15	20~15	0.1~0.2	100~40
高合金钢	精铣	0.05~0.1		0.1~0.2	150~80	0.1~0.25	120~80	0.05~0.1		0.05~0.15	110~50
铸钢	粗铣	0.1~0.2	25~20	0.1~0.3	140~70	0.1~0.4	120~60	0.1~0.2	25~20	0.1~0.35	120~80
铸钢	精铣	0.05~0.1		0.1~0.2	160~90	0.1~0.25	140~80	0.05~0.1		0.05~0.2	140~70
铸铁	粗铣	0.1~0.2	25~20	0.1~0.4	120~70	0.1~0.6	120~70	0.15~0.3	25~20	0.1~0.4	120~70
铸铁	精铣	0.05~0.1		0.1~0.2	160~100	0.1~0.2	140~80	0.07~0.2		0.05~0.2	140~80
铝-塑性合金	粗铣	0.1~0.2	280~180	0.1~0.2	700~300	0.1~0.6	1000~500	0.2~0.3	280~150	0.1~0.3	1000~500
铝-塑性合金	精铣	0.05~0.1		0.07~0.15	1000~400	0.05~0.2	1400~800	0.07~0.2		0.05~0.15	1400~700
铝铸合金	粗铣	0.2~0.3	300~200	0.1~0.2	800~320	0.05~0.4	700~300	0.2~0.3	300~170	0.1~0.3	600~300
铝铸合金	精铣	0.1~0.2		0.07~0.15	1200~400	0.05~0.2	900~400	0.07~0.2		0.05~0.15	800~400
钢合金	粗铣	0.2~0.3	40~30	0.15	150~90	0.12	100~60	0.2~0.3	40~30	0.15	150~90
钢合金	精铣	0.1~0.2	60~50	0.05	300~150	0.1	150~80	0.06~0.2	60~45	0.05	300~150
带有机填充剂的热固性塑料	粗铣	0.2~0.4	60~40	0.15	800~600	—	—	—	—	—	—
带有机填充剂的热固性塑料	精铣	0.1~0.2	80~60	0.05	1000~800	—	—	—	—	—	—
带无机填充剂的热固性塑料	粗铣	0.2~0.4	30~20	0.15	800~600	—	—	—	—	—	—
带无机填充剂的热固性塑料	精铣	0.1~0.2	40~30	0.05	1000~800	—	—	—	—	—	—

表 1 - 4 - 2   高速钢直柄铣刀的铣削加工参数

工件材料	加工方法	直柄铣刀			
		直径 20mm 以内		直径大于 20mm	
		$f_z/(mm \cdot z^{-1})$	$v_c/(m \cdot min^{-1})$	$f_z/(mm \cdot z^{-1})$	$v_c/(m \cdot min^{-1})$
纯钢	粗加工	0.05	25	0.08	19
	精加工	0.05	30	0.05	23
轻合金钢	粗加工	0.03	20	0.05	15
	精加工	0.01	25	0.03	18
重合金钢	粗加工	0.03	22	0.05	18
	精加工	0.01	27	0.03	20
铸钢	粗加工	0.06	22	0.09	17
	精加工	0.03	26	0.06	20
铸铁	粗加工	0.04	18	0.06	13
	精加工	0.02	22	0.04	17
铝 - 塑性合金	粗加工	0.03	300	0.05	220
	精加工	0.01	360	0.03	280
铝 - 铸造合金	粗加工	0.03	220	0.05	170
	精加工	0.01	270	0.03	200
铜合金	粗加工	0.05	60	0.08	45
	精加工	0.02	74	0.05	55
带有机填充剂的热固性塑料	粗加工	请参照制造商提供的说明			
	精加工				
带无机填充剂的热固性塑料	粗加工	请参照制造商提供的说明			
	精加工				

二、铣削加工知识

(一) 铣床种类

铣床可以根据外形、尺寸和质量进行分类，主要有以下 6 种铣床。

1. 通用铣床

通用铣床既有水平工作主轴又有垂直工作主轴，因此可以作为卧式铣床或立式铣床，以满足各种加工要求。它由可调节或移动的铣刀头，以及可以翻转、旋转、调节的工作台面和一些特殊装置所组成，可以进行各种加工制造，如图 1 - 4 - 19 所示。

图 1 - 4 - 19   通用铣床

2. 龙门铣床

龙门铣床适用于大型工件的加工。常见的工件高度可以达到 8 m，长度可以达到 15 m，它可以提供较长的工作台行程长度，如图 1 - 4 - 20 所示。

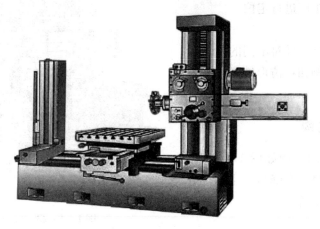

图 1 - 4 - 20　龙门铣床

3. 卧式升降台铣床

卧式升降台铣床的铣刀主轴是水平方向的，铣刀做垂直方向的移动，且可以同时使用不同种类的铣刀。卧式升降台铣床适用于加工表面要求相同的长尺寸工件，如图 1 - 4 - 21 所示。

4. 立式升降台铣床

立式升降台铣床与卧式升降台铣床的区别在于它的铣刀主轴是垂直方向的。立式升降台铣床的立铣头可以倾斜，并且通过立铣头可以调节铣刀的高度，如图 1 - 4 - 22 所示。

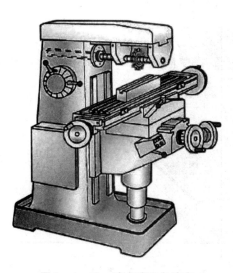

图 1 - 4 - 21　卧式升降台铣床

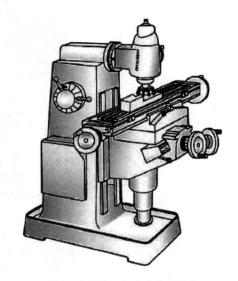

图 1 - 4 - 22　立式升降台铣床

5. 数控铣床

如图 1 - 4 - 23 所示，数控铣床通常都带有三轴控制系统，每个轴向都是由直接测量系统进行控制的。它的轴可以进行无缝隙的滚珠丝杠传动，并通过一个带液压控制的快速换刀装置实现自动换刀。其刀具可以存放在各个执行部件中，如六角转塔、滚筒、链条等，并根据相应的工序进行定位。

6. 专用铣床

除上述的铣床外，针对不同的要求还有一些专用铣床，例如：仿形铣床、齿轮铣床和螺纹铣床等。

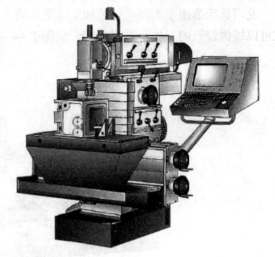

图 1 − 4 − 23   数控铣床

（二）铣床结构

万能工具铣床的结构如图 1 − 4 − 24 所示，主要包括床身、升降台、主轴、进给机构和立式铣刀头等。

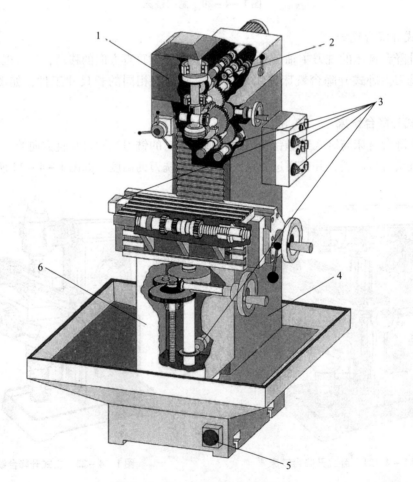

图 1 − 4 − 24   万能工具铣床的结构

1—立式铣刀头；2—主轴；3—进给机构/传动部件；4—床身；5—急停按钮；6—升降台

1. 床身

床身是由铸铁制成的，作为振动末端，如图 1 – 4 – 25 所示。床身用于装配各个主要零部件，如升降台、主轴驱动、进给机构以及铣床的立式铣刀头。

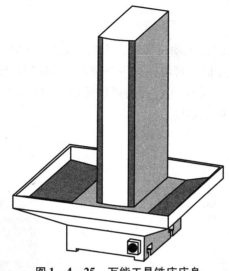

图 1 – 4 – 25   万能工具铣床床身

2. 升降台

升降台是由悬臂工作台和机械工作台组成的，如图 1 – 4 – 26 所示。悬臂工作台安装在铣床底座上，可以在垂直方向进行调节。机械工作台是与悬臂工作台相连的，它在横向和纵向都可以进行调节。升降台的主要作用是通过使用合适的夹具对工件进行装夹。

3. 主轴

主轴是由主轴电动机、水平铣刀主轴和立式铣刀头的驱动轴构成的。立式铣刀头的驱动轴通过主轴电动机来进行驱动，主要用于连接夹具和铣刀，如图 1 – 4 – 27 所示。

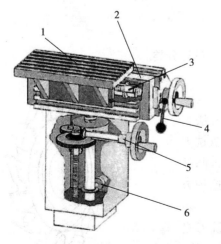

图 1 – 4 – 26   万能工具铣床升降台

1—机械工作台；2—悬臂工作台；

3—手动纵向调节装置（X 轴）；

4—固定装置；5—手动高度调节装置；

6—进给装置（Z 轴）

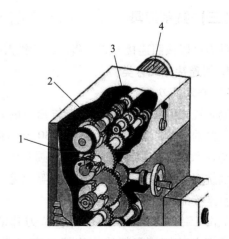

图 1 – 4 – 27   万能工具铣床主轴

1—水平铣刀主轴；

2—立式铣刀头的驱动轴；

3—主轴；4—主轴电动机

4. 进给机构

新型的铣床通常都是通过可控无级变速马达来进行驱动的，而老式的型号则是使用分级联动机构来进行驱动的。机床在三个轴的方向都可以进行进给运动，如图 1-4-28 所示。

5. 立式铣刀头

立式铣刀头的驱动可以通过电动机传动，由水平铣刀主轴或尾架中的独立驱动轴来完成。当进行带斜度的铣削加工时，可以通过一个带刻度环的转盘将立式铣刀头调节至所需的位置，如图 1-4-29 所示。有些立式铣刀头可以通过手动控制垂直方向上的进给。使用通用铣床立铣时，可以保留工件的结构。

进给装置

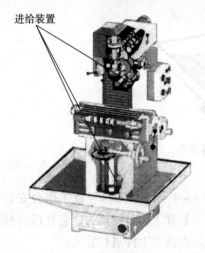

图 1-4-28　万能工具铣床进给机构

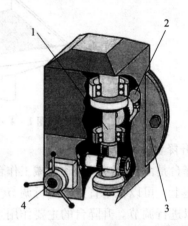

图 1-4-29　万能工具铣床立式铣刀头

1—立式铣刀主轴；
2—立式铣刀头的驱动轴；
3—旋转装置；4—手动调节装置

（三）铣削刀具

铣刀可以按照连接方式、齿形或者铣刀外形来进行分类。

1. 按连接方式分类

1）套式铣刀

套式铣刀除了外形以外，其与套筒的紧固方法是一个重要的区分标志，如图 1-4-30 所示的圆盘铣刀通过垫片和纵槽与套筒相连。除了圆盘铣刀外，圆柱形平面铣刀、单角铣刀和成形铣刀等也是采用这种方式进行连接的。

如图 1-4-31 所示的带可转位刀片的面铣刀是通过铣刀上的横槽和特殊的连接环来与套筒相连的。除了面铣刀外，套式立铣刀也是采用这种槽来进行连接的。

纵槽

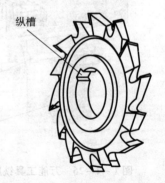

图 1-4-30　带纵槽的圆盘铣刀

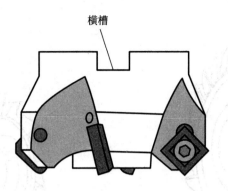

横槽

图 1 - 4 - 31　带横槽的面铣刀

2）直柄铣刀

直柄铣刀除了外形以外，还可通过其他标志加以区分。如图 1 - 4 - 32 所示的直柄铣刀是通过卡盘与圆柱形的刀柄相连的，这种直柄铣刀还有 T 形槽铣刀、键槽铣刀和角度铣刀。

如图 1 - 4 - 33 所示的带可转位刀片的直柄铣刀是通过锥形刀柄与铣刀主轴相连的。锥形刀柄通过摩擦来进行力传递。因此，带锥形刀柄的铣刀比用卡盘连接的铣刀能承受更大的负荷。

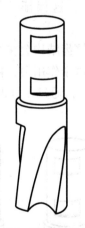

图 1 - 4 - 32　通过卡盘与圆柱形铣刀相连的直柄铣刀

图 1 - 4 - 33　带可转位刀片的直柄铣刀

2. 切削刃运动分类

1）直齿三面刃铣刀

如图 1 - 4 - 34 所示的直齿三面刃铣刀是通过竖直的切削刃形成切削，并且是在铣刀的侧面瞬时形成的。根据每齿进给量和切削深度，铣刀上每一点的负荷并不相同，这会导致加工过程中的不平稳以及降低表面粗糙度。直齿三面刃铣刀通常用于加工较浅的凹槽。

2）错齿三面刃铣刀

因为铣刀的错齿结构，它的切屑形成与直齿不同，整个切削过程的时间变长，但是也更为平稳，表面粗糙度也有所减小。如图 1 - 4 - 35 所示的错齿三面刃铣刀，因为其更好的切削性能以及较大的切削空间，故适合加工较深的凹槽。

图1-4-34 直齿三面刃铣刀

图1-4-35 错齿三面刃铣刀

3）镶齿三面刃铣刀

图1-4-36所示的套式立铣刀采用了镶齿刀刃，即镶齿三面刃铣刀。这种铣刀的切削是在它的侧面逐渐形成的。它的切削力几乎相同，这保证了平稳的工作过程以及较小的表面粗糙度。

直柄铣刀也大多使用镶齿形式。这里要注意的是，由于镶齿结构会在切削过程中形成一个轴向力，它会使铣刀与夹紧装置之间产生松动。为了补偿这个作用力，直柄铣刀往往都附带一个夹紧面或者夹紧螺纹，如图1-4-37所示。在铣削时，通过工件的进给会产生一个径向力，用于压紧铣刀。

图1-4-36 镶齿三面刃铣刀

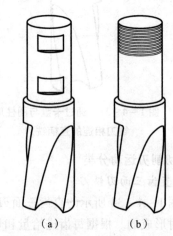

（a） （b）

图1-4-37 直柄铣刀夹紧面和
夹紧螺纹

（a）带夹紧面的直柄铣刀；

（b）带夹紧螺纹的直柄铣刀

3. 铣刀外形分类

1）单角铣刀

刀具的选择通常是由加工要求决定的。针对标准的加工任务也有相对应的铣刀标准。如图 1-4-38 所示的单角铣刀用于加工角钢导槽。铣刀的角度有多种选择，在实际中经常使用到的有 45°、60° 和 90°。

图 1-4-38　单角铣刀

2）T 形槽铣刀

加工 T 形槽应使用专门的 T 形槽铣刀。如图 1-4-39 所示的 T 形槽铣刀，在铣削时既用到了圆周面上的刀刃，也用到了端面的刀刃，通过错齿形式可以更好地排屑，从而达到较好的切削效率。对于 T 形槽铣刀的选择，除了要考虑铣刀直径（如 32 mm）外，还要考虑刀柄直径（如14 mm）。

3）球形铣刀

球形铣刀属于成形铣刀，如图 1-4-40 所示的是带可转位刀片的球形铣刀。除了加工半径外，它主要用于横向铣削。球形铣刀可以直接深入工件内部并进行加工，而当其作为半径铣刀时，则只可用于加工内径。

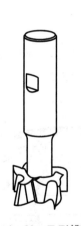

图 1-4-39　T 形槽铣刀

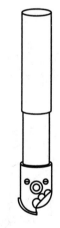

图 1-4-40　带可转位刀片的球形铣刀

4）四分圆弧铣刀

加工外径（凸起的半径）需使用四分圆弧铣刀，如图 1-4-41 所示。

4. 铣刀应用分类

由高速钢制成的铣刀，在工作前必须根据待加工工件的材料来进行选择。根据与材料的切削关系，将铣刀分为 W、N、H 三类。这种分类方法不仅适用于套式立铣刀，也适用于带柄铣刀。

1）W 型铣刀

W 型铣刀，前角较大，适用于加工较软的材质或较长的装夹，比如铜、铝或者塑料。W 型铣刀通常有着较大的齿间距。根据直径的不同，W 型铣刀通常为 4~8 齿，如图 1-4-42 所示。

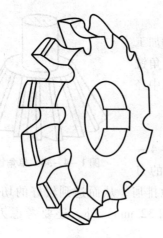

图1-4-41　四分圆弧铣刀

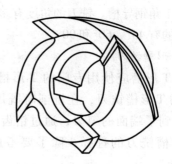

图1-4-42　W型铣刀

2）N型铣刀

对于较硬材质的普通切削，比如未淬火的钢或者铸铁，通常使用N型铣刀。与W型铣刀相比，它有较多的齿数（8～12个）以及较小的前角（大约为12°，W型铣刀大约为20°），如图1-4-43所示。

3）H型铣刀

H型铣刀适用于加工坚硬的材质或者较短的装夹，比如未淬火的钢、铜锌合金。与N型铣刀相比，它的刀刃有着较小的前角（大约8°），以及较多的齿数（一般为12～16齿），如图1-4-44所示。

图1-4-43　N型铣刀

图1-4-44　H型铣刀

5. 铣刀加工方法分类

在铣削加工中为了达到所要求的表面粗糙度，除了切削速度、工件的进给、冷却剂的选择和使用这些因素外，铣刀的选择也起到了重要的作用。在实际操作中，针对不同的加工方法，铣刀可分为粗铣刀和精铣刀。这种区分方法也适用于套式铣刀、带柄铣刀和带可转位刀片的铣刀。

1）粗铣刀

在所有切削加工中，粗加工可以尽快地切除切屑。粗铣刀多用于工件的预加工。如图

1-4-45 所示的粗铣刀带圆形齿廓，这种齿廓形状只适用于粗铣刀，用字母 R 来标识。结合铣刀应用分类的内容，经常用符号 NR 或者 HR 来标识粗铣刀。放大粗铣刀的刀刃，可以清楚地看到，每个刀刃的齿与齿之间都有一个空隙，在空隙处会形成短切屑，并由此排出。

2）精铣刀

精铣刀齿廓的刀尖较平，这种较为平整的齿廓类型用符号 F 来进行标识。结合铣刀应用分类的内容，经常用符号 NF 或者 HF 来标识精铣刀。精铣刀的齿与齿之间也有空隙。与粗铣刀相比，精铣刀有着较平整的齿廓、较快的切削速度，所以可以达到更小的表面粗糙度，如图 1-4-46 所示。

 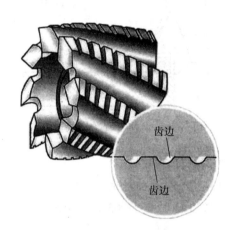

图 1-4-45　粗铣刀　　　　　　　　　　图 1-4-46　精铣刀

6. 可转位铣刀分类

带可转位刀片的铣刀盘是一种特殊的铣刀结构，这种套式铣刀的结构通常被称为"刀盘"或"铣头"，如图 1-4-47 所示，安装上刀柄后就是一把普通的铣刀，或者称为带柄铣刀，如图 1-4-48 所示。在安装可转位刀片时有一个特定的要求，即所有的可转位刀片的切削角必须相同。

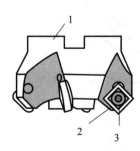 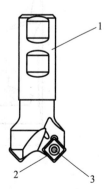

图 1-4-47　带可转位刀片的铣刀盘　　　　图 1-4-48　带柄铣刀
1—套式铣刀；2—可转位刀片；　　　　　　1—铣刀刀柄；2—可转位刀片；
3—紧固螺钉　　　　　　　　　　　　　　3—紧固螺钉

根据主偏角的不同，刀盘分为以下两类：

1）直角铣刀盘

直角铣刀盘的主偏角为90°，其通常用于工件的预铣，进给力较大，但是工件表面粗糙度较差，如图1-4-49所示。

2）面铣刀盘

面铣刀盘的主偏角通常为45°或者75°，用于加工平面。有些面铣刀盘的齿距是非线性的，用于削弱振动，从而减小表面粗糙度，如图1-4-50所示。

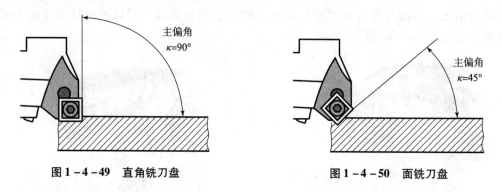

图1-4-49　直角铣刀盘　　　　　　　　图1-4-50　面铣刀盘

7. 铣刀的标识

1）套式铣刀的标识

铣刀 DIN 1880 - 63N - HSS

　　　　　① 　　　② 　　　③

①——DIN 标准编号：带横槽和纵槽的套式铣刀；

②——铣刀直径（包含相关配件）及类型：外径为63 mm，N 型；

③——铣刀材料：高速钢。

图1-4-51所示为套式铣刀的相关参数。

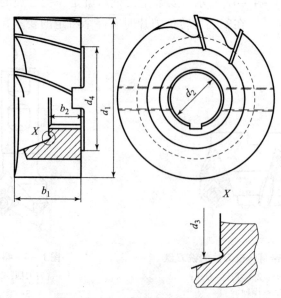

图1-4-51　套式铣刀的相关参数

表 1－4－3 所列出的就是套式铣刀中铣刀直径、宽度与其他尺寸之间的关系。从表 1－4－3 中可以看出，铣刀直径（d_1）越大，其他的值也越大。其中最重要的是 d_1 与 d_2 之间的关系，以此即可计算出选用哪种铣刀套筒。

表 1－4－3　套式铣刀直径、宽度与其他尺寸的关系　　　　mm

d_1 js16	b_1 k16	b_2	d_2 H7	d_3（min）	d_4（min）	t（max）
40	32	19	16	23	—	—
50	36	21	22	30	—	—
63	40	23	27	38	—	—
80	45	23	27	38	49	0.5
100	50	26	32	45	59	0.5
125	56	29	40	56	71	0.5
160	63	32	50	67	91	0.5

2）带柄铣刀的标识

铣刀 DIN 844 － A25K － N － HSS
　　　　　①　　　　②　　　③　　　④

①——DIN 标准编号：带柄铣刀 DIN 844；

②——铣刀直径尺寸、刀柄类型以及铣刀结构：A 型，带圆柱形刀柄，铣刀直径 25 mm，短结构；

③——工具类型：N 型；

④——铣刀材料：高速钢。

图 1－4－52 所示为直柄立铣刀的相关参数。表 1－4－4 所列出的就是直柄立铣刀中铣刀直径、宽度与其他尺寸之间的关系。

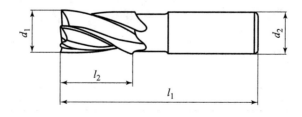

图 1－4－52　直柄立铣刀参数

表 1 - 4 - 4 直柄立铣刀直径、宽度与其他尺寸的关系   mm

型号	d_1 js14	d_2	短柄铣刀（K）		长柄铣刀（L）	
			l_1 js18	l_2	l_1 js18	l_2
A，B，D，E	2	6	51	7	54	10
	2.5					
	3		52	8	56	12
	—	6	54	10	59	15
	4		55	11	63	19
	5	6	57	13	68	24
	6					
	7	10	66	16	80	30
	8		69	19	88	38
	—					
	10		72	22	95	45
	—	12	79	22	102	45
	12					
	14		83	26	110	53
	16	16	92	32	123	63
	18					
	20	20	104	38	141	75
	22					
	25	25	121	45	166	90
	28					
	32	32	133	53	186	106
	36					
A，B	40	40	155	63	217	125
	45					
	50	50	177	75	252	150
	56					
	63		192	90	282	180

8. 铣刀选用

表 1 - 4 - 5 所示为套式铣刀和带柄铣刀的应用场合，通常根据加工方式的需要选用刀具类型。

表 1 – 4 – 5 不同加工方式的铣刀选用

套式铣刀		带柄铣刀	
高速切削钢铣刀 圆柱平面铣刀	铣平面	长孔铣刀	铣槽
圆柱端面铣刀	铣端面和铣角	带柄铣刀	铣导轨、铣槽
圆盘铣刀	铣槽	T形槽铣刀	铣T形槽
成形铣刀（半圆）	铣导轨面和成形面	角度铣刀	铣燕尾槽
带可转位刀片的铣刀 铣削头	铣端面和铣角	圆柱端面铣刀	铣台阶、铣角
圆盘铣刀	切口、铣槽	带柄铣刀	铣孔

（四）铣削方法分类

1. 根据旋转方向与进给方向分类

1）逆铣

铣刀的切削方向与工件的进给方向相反，即为逆铣。在工件表面，刀刃会在切削处对工件产生一个压力，从而产生的摩擦力会增大后面的磨损。两者之间的夹紧力对工件产生一个作用力（F_1），切削力（F_2）对工件产生一个反作用力，从而形成一个合力（F_r），这个合力会使工件与夹紧装置之间产生松动，如图1-4-53所示。错误的装夹会增加表面粗糙度，甚至导致工件脱离夹具。但是在逆时针作用力的影响下，这个松动对于进给机构并不严重。逆铣方式适用于所有的铣床。

2）顺铣

铣刀的切削方向与工件的进给方向相同，即为顺铣。刀刃突然切入工件表面，在切削加工的开始就产生了最大的切削横截面。夹紧力对工件产生一个作用力（F_1），切削力（F_2）作用的方向与进给方向相同，它们所产生的合力（F_r）会对工件产生一个向下的拉力，如图1-4-54所示。顺铣往往比逆铣允许更大的切削深度。只有特别稳定的铣床才可以使用顺铣方式。

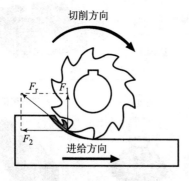

图1-4-53 逆铣

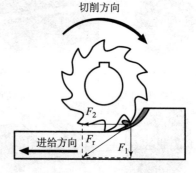

图1-4-54 顺铣

2. 根据铣刀所处的位置分类

1）圆周铣

圆周铣时，由分布在铣刀圆周表面上的刀刃进行切削并产生一个平面，铣刀主轴平行于加工表面，如图1-4-55所示。

2）端铣

端铣时，由处于端面的铣刀副切削刃来形成加工表面，铣刀主轴垂直于加工表面。在加工过程的前半段，铣刀的运动方向和进给方向相反；在加工过程的后半段，铣刀的运动方向和进给方向相同。所以说端铣时，顺铣和逆铣是同时存在的，如图1-4-56所示。这种铣削方法用到了更多的主切削刃以及几乎所有的副切削刃，它的切削负荷比较均匀，所以铣刀运行也相对平稳。

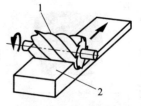

图1-4-55 圆周铣
1—铣刀；2—工件

3）台阶铣

台阶铣时，由铣刀周围的主切削刃和端面的副切削刃来形成加工表面，通过台阶面铣会形成多个带相同角度的平面。如图 1 – 4 – 57 所示，为了加工一个更大更平整的工件表面，需要更多的工序。

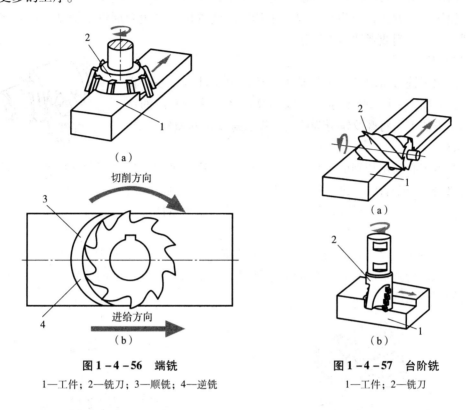

图 1 – 4 – 56 端铣

1—工件；2—铣刀；3—顺铣；4—逆铣

图 1 – 4 – 57 台阶铣

1—工件；2—铣刀

3. 根据所产生的加工表面分类

1）面铣

通过面铣可以进行平面的加工，即工件相对于铣刀进行匀速直线运动，包含圆周面铣、端面铣和台阶面铣。

2）铣圆

通过铣圆可以形成一个圆柱形的表面，它的进给运动是圆形的。

（1）外圆铣。

外圆铣用于加工圆柱形的外表面。如图 1 – 4 – 58（a）所示的套式立铣刀以螺旋式运动进行逆铣。

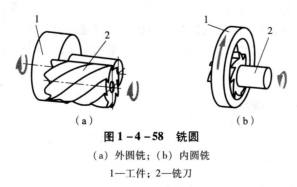

图 1 – 4 – 58 铣圆

（a）外圆铣；（b）内圆铣

1—工件；2—铣刀

（2）内圆铣。

通过内圆铣可以对圆柱形的内表面进行加工，如图1-4-58（b）所示。在实际操作中，很少使用铣圆方式，因为它需要一个特殊的装置用于产生圆周进给运动。在许多情况下，铣圆可以用车削或者钻削来代替。

3）螺纹铣

螺纹铣除了铣刀做圆形的主运动外，还需要工件进行一个直线的运动，如图1-4-59所示。所以螺纹铣必须使用专门的铣床。在加工方法上，将螺纹铣分为两类，即长螺纹铣和短螺纹铣。

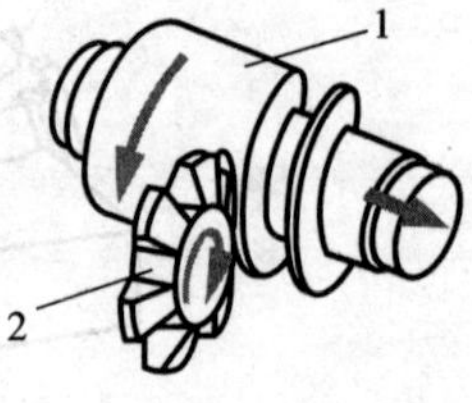

4）滚铣

齿轮的加工必须用特别的铣床进行滚铣。铣刀除了主切削运动外，还要进行一个直线的进给运动，工件也同时进行圆周运动，如图1-4-60所示。铣刀的齿形决定了齿轮以及齿条的特性。

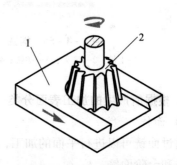

图1-4-59　螺纹铣

1—工件；2—铣刀

5）成形铣

如图1-4-61所示通过成形铣方式加工角钢导槽，无须特别的设备，在通用铣床上就可以进行。当进行圆形或特定形状的成形铣时，需要用到一些特定的装置；当加工成形孔时，需要使用铣削链。

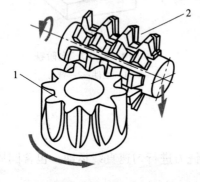

图1-4-60　滚铣

1—工件；2—铣刀

图1-4-61　成形铣

1—工件；2—铣刀

6）仿形铣

仿形铣加工方法适用于任何加工表面。它除了切削运动外，在垂直轴方向上也可以进行铣刀的进给运动。当通过手动控制进给运动时，称为自由铣削。当通过参照模型控制进给运动时，称为仿形铣，如图1-4-62所示。机械控制进给运动已经逐渐被数控进给运动代替。数控仿形铣削时，通过输入特定数据来完成各个轴向的控制。

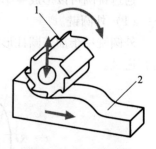

图1-4-62　仿形铣

1—铣刀；2—工件

（五）工件的装夹与校正

铣削加工时，工件的装夹和校正可以通过机械夹具与磁性夹具和液压夹具来完成。

对于夹具的主要要求如下：

（1）确保工件夹紧，夹紧变形要尽量小。

（2）快速、简单、安全的手动操作，且重复装夹的精确度要高。

1. 机械装夹工具

机械类的装夹工具有以下几种。

1）机床用虎钳

机床用虎钳主要用于装夹带有平行平面、较小或中等尺寸的工件，可以使用手摇柄来增大夹紧力，或者通过高压主轴以液压的方式来增大夹紧力。虎钳的卡爪已硬化、抛光，并且可以随时更换。另外还安装有一个卡盘，可以使虎钳进行180°的旋转，如图1-4-63所示。当工件因为外形或尺寸无法用虎钳进行装夹时，应直接装夹在工作台上。

图1-4-63　机床用虎钳

工件在装夹前，要把定位面、夹紧面、垫铁和夹具的定位、夹紧面擦干净，不得有毛刺。机床用虎钳必须用百分表校正固定钳口面，使其与机床工作台运动方向平行或垂直（基准重合）。

（1）在不影响加工的情况下，工件尽量多装夹、少伸出，装夹力一定要大于切削力。

（2）工件装夹无特殊需求时，应尽量装在平口钳中间位置。

（3）小工件需要侧面伸出时，要在钳口的另一侧装夹同等尺寸的工件，以确保装夹受力均衡。

2）锁紧螺钉

锁紧螺钉（T形槽螺纹）通过它的T形槽与工作台进行固定，以此可以将其他夹具固定在工作台面上，并可与夹钳、底座等相配合来装夹工件，如图1-4-64所示。因为具有较大的负荷，故螺母高度至少为螺钉直径的1.5倍。夹钳与螺母之间还应加入垫片。为了调整夹钳与工件之间的倾斜角，可以使用球形垫片和锥形垫圈。

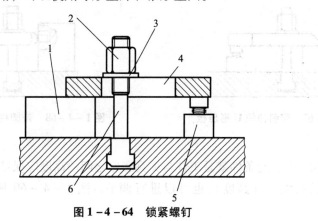

图1-4-64　锁紧螺钉

1—工件；2—锁紧螺母；3—垫片；4—压板；5—千斤顶；6—锁紧螺钉

3）压板

根据待加工工件的形状与大小，压板可以与底座和锁紧螺钉自由组合使用。

（1）平压板。

如图 1 - 4 - 65 所示的装夹要求可以通过平压板来完成，压板槽宽是根据夹紧螺栓的大小来确定的。压板通常配合 M6 ~ M42 的 T 形螺钉一起使用，如图 1 - 4 - 65 所示。

（2）弯压板。

与平压板相比，弯压板的使用范围更广，通常配合 M6 ~ M24 的 T 形槽螺钉一起使用，如图 1 - 4 - 66 所示。

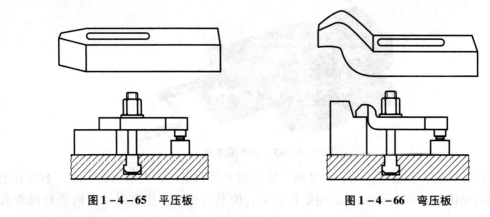

图 1 - 4 - 65　平压板　　　　　　　　图 1 - 4 - 66　弯压板

（3）带斜边的 U 形压板。

如图 1 - 4 - 67 所示的 U 形压板一侧带有斜边，这种结构使它的装夹范围更广，通常配合 M6 ~ M36 的 T 形槽螺钉一起使用。

（4）带把手的 U 形压板。

在卸下工件和钻孔时，更加适合使用带圆柱形把手的 U 形压板，通常配合 M8 ~ M24 的 T 形螺钉一起使用。圆柱形把手的直径通常为 12 ~ 38 mm，如图 1 - 4 - 68 所示。

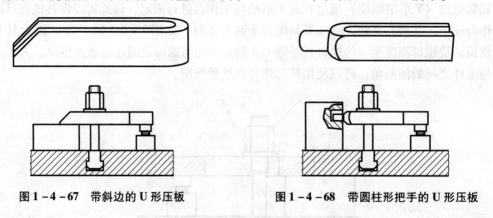

图 1 - 4 - 67　带斜边的 U 形压板　　　图 1 - 4 - 68　带圆柱形把手的 U 形压板

4）垫铁

工件装夹的一个首要条件就是工件与夹具底座之间的高度应保持一致。针对各个工件大小的不同，垫铁的大小（高度）也可以进行调节。图 1 - 4 - 69 所示为比较常见的几种垫铁。

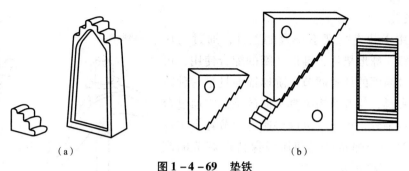

图 1 - 4 - 69 垫铁

（a）阶梯垫铁；（b）通用垫铁

（1）阶梯垫铁。

根据不同的规格，阶梯垫铁的高度调节范围为 12.5 ~ 365 mm，每一个阶梯的高度差为 7.5 mm。

（2）通用垫铁。

通用垫铁可以提供一个更加精确的高度调节。这种斜齿垫铁通常需成对使用，或者配合斜齿压板一起使用。根据不同的尺寸，它的调节范围为 22 ~ 208 mm（每一个阶梯的高度差为 4.65 mm）。

5）螺纹千斤顶

螺纹千斤顶夹具的高度调节可以通过螺纹千斤顶来完成。使用阶梯螺钉来安装主轴时，可以使用图 1 - 4 - 70 所示的螺纹千斤顶并将高度调节至 50 ~ 70 mm。根据不同的结构和大小，螺纹千斤顶可以调节的高度范围为 40 ~ 1 250 mm，如图 1 - 4 - 70 所示。

6）张紧杠杆

通过张紧杠杆可以将扁平的工件直接装夹在工作台上。使用一个内六角螺钉将张紧杠杆固定在工作台的槽内，并根据工件棱边进行定位。实际的装夹过程依靠卡爪来完成，由附加的一个锁紧螺钉产生向前和向下的夹紧力。张紧杠杆的大小是根据工作台的槽宽来决定的，通常为 12 mm、14 mm、16 mm、18 mm 和 22 mm，如图 1 - 4 - 71 所示。

图 1 - 4 - 70 螺纹千斤顶

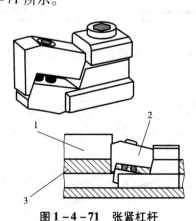

图 1 - 4 - 71 张紧杠杆

1—工件；2—张紧杠杆；3—机械工作台

7）锚夹具

锚夹具用于装夹高度不一致的工件，通过与压板、夹紧螺钉、球形垫片、锥形垫圈的配合使用，可以实现对工件高度的任意调节。阶梯锚夹具是一种特殊结构的锚夹具，与普通锚夹具不同的是，它通过台阶将高度进行细分，这样就可以快速地调节各个工件高度，且通过一个弹簧可以使压板保持已调节的高度，如图1-4-72所示。

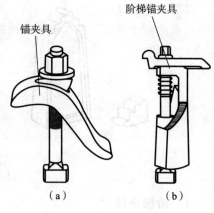

图1-4-72　锚夹具

8）组合夹具

组合夹具用于铣床及各个加工工序中工件的合理装夹。

9）磁性与液压装夹工具

（1）磁吸盘。

通过磁吸盘在平面上对带磁性的工件进行装夹，不仅速度快，而且变形小。吸盘与工件之间的距离（比如，污渍）会明显地减小夹紧力。磁吸盘可以分为永磁吸盘和电磁吸盘。在切削加工中，比如铣削，大功率的磁吸盘非常的必要，它通常装夹在工作台上，可以对工件的各个表面进行加工。

磁吸盘又可分为以下几类：

①永磁吸盘。

永磁吸盘不需要电源，多个永磁场产生一个连续不断的磁力，作用于吸盘的固定部分以及可移动部分。图1-4-73所示为吸盘上半部分与下半部分的磁极，其在可移动部分的表面形成一个磁性的夹紧力。通过改变吸盘上下两块的空间位置，例如移动手摇柄，作用在工件上的磁力就会被中断，如图1-4-74所示。

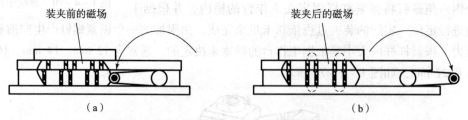

图1-4-73　永磁吸盘装夹前、后磁场变化情况

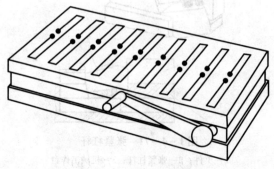

图1-4-74　永磁吸盘

②电永磁吸盘。

与永磁吸盘相比，电永磁吸盘没有可移动的部分，如图1-4-75所示。在装夹工件时，磁场产生方向与永磁铁吸盘相同；卸夹时，电磁场的方向相反，磁场就会消失，工件上的夹紧力也会消失。电永磁吸盘用于装夹和卸夹的电流脉冲是通过外部设备控制的场合。在装夹过程中，只有永磁场对工件产生作用，电源的干扰对装夹的工件没有影响。

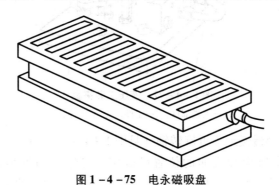

图1-4-75 电永磁吸盘

③电磁吸盘。

电磁吸盘是通过一个带铁芯的直流线圈来产生磁性的，可通过在吸盘表面所产生的磁场来夹紧工件，如图1-4-76所示。由于电磁场的场强很大，故吸盘以及工件表面的不平整不会对夹紧力产生影响。电磁吸盘由驱动进行预热，在装夹过程中会使工件磁化。通过控制设备，可以在卸夹时对工件去磁。

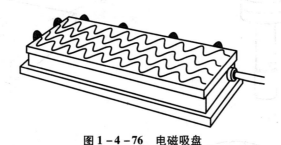

图1-4-76 电磁吸盘

④液压工装夹具。

使用液压工装夹具可以简单而又快速地装夹工件，其稳定的夹紧力提高了加工的精确度，如图1-4-77所示。夹紧力的设置是通过机器来控制的，所以只需要较小的空间就可以提供足够大的夹紧力。液压工装夹具又可分为气体液压系统液压工装夹具和电动液压系统液压工装夹具。

2. 工件的校正

在机械切削加工前，首先需要对刀具以及工件的位置进行确定以及校正。在铣削加工中，铣刀的位置是通过刀具连接套筒来确定的，而工件的位置及其参考表面都应进行检测。针对这个检测过程需要一个参考点或者中心点，不然会导致工件没有对准。

如图1-4-79所示的寻边器用于确定参考平面或者边线的位置，它通过一个工具套筒装夹在机器主轴上。对于运作中的工作主轴，通过手指的按压就可以使寻边器的下半部分停止运动。对于非圆周运动的寻边器（见图1-4-78（b）），可以在工件边上慢慢地施加阻

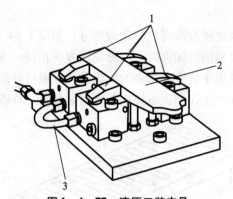

图 1 - 4 - 77　液压工装夹具

1—夹紧部件；2—工件；3—液压导管

力，寻边器的下半部分会慢慢地靠近旋转轴（见图 1 - 4 - 78（c））。当寻边器的上、下两部分变为同轴时，就表示所检验表面的位置已确定，寻边器的下半部分会滑到一边（见图 1 - 4 - 78（d）），工作主轴与工件棱边偏离尺寸为寻边器头部的半径大小。如图 1 - 4 - 78 所示的寻边器精度为 0.01 mm，并且已硬化和抛光。

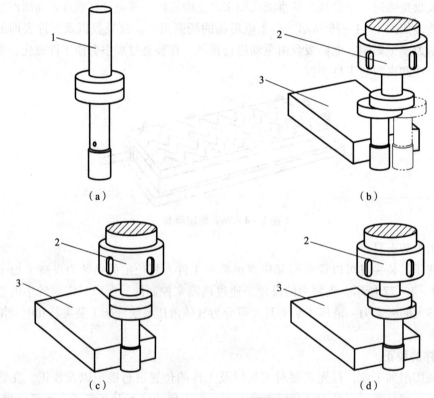

图 1 - 4 - 78　寻边器

1—装夹柄；2—工件套筒；3—工件

（六）刀具套筒

机器与铣刀之间力的传递是通过刀具套筒来完成的。

刀具套筒必须满足以下条件：

（1）旋转和弯曲时保持原本的刚性。

（2）保证平面与圆周运动的精确度。

（3）更换工具时，确保轴向与径向的重复精确度。

（4）保证高转速下的可用性。

由于铣刀刀柄的结构（套式铣刀或带柄铣刀）不同，故需要各种套式铣刀套筒。

1. 套式铣刀套筒

如图 1 - 4 - 79 所示的复合套式铣刀套筒可以连接带纵槽的铣刀（套式立铣刀）和带横槽的铣刀（刀头）。带横槽的铣刀通常都需要一个定位环，这样可以使两边尺寸相配合，并且将旋转力矩从套筒一侧传递至铣刀。因此，铣刀的圆周表面以及端面都必须夹紧。通常可以使用紧固螺钉来夹紧铣刀的端面。

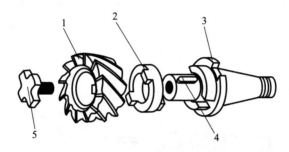

图 1 - 4 - 79　复合套式铣刀套筒
1—铣刀；2—带横槽的铣刀定位环；3—锥形复式铣刀套杆；
4—用于连接带纵槽铣刀的棱键；5—铣刀紧固螺钉

2. 变径锥套

变径锥套（见图 1 - 4 - 80）的一侧为连接主轴的锥形套筒，另一侧用于装夹带莫氏刀柄的铣刀。通过这种方法，铣床可以使用较大的钻头与机用绞刀来进行钻削和铰削加工。

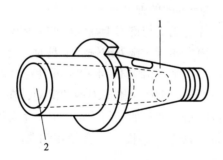

图 1 - 4 - 80　变径锥套
1—锥形刀柄；2—带莫氏锥形刀柄的刀具套筒

3. 铣刀套筒

铣刀套筒用于装夹套式铣刀。铣刀套筒通过锥形刀柄与铣刀主轴相连。在后座一侧，铣刀套筒通过一个轴套与悬梁相固定。旋转运动通过铣刀套筒进行力的传递，使用锁紧螺杆可以确保主轴头与锥形套筒的连接。铣刀通过固定连接环或可调连接环与套筒相连，通过纵槽连接方式以及垫片，与工件之间进行力的传递，如需要时可以同时使用多个铣具，如

图 1 – 4 – 81 所示。

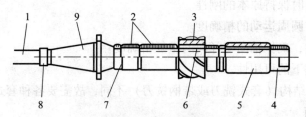

图 1 – 4 – 81　铣刀套筒

1—锁紧拉杆；2—中间连接环；3—铣刀；4—螺母；5—轴套；
6—垫圈；7—锁紧环；8—铣刀主轴；9—锥形铣刀套装

4. 铣刀卡盘与弹簧夹头

装夹带圆柱刀柄的铣刀时，需要使用铣刀卡盘。为了使铣刀能与不同尺寸的刀柄相匹配，还需要用到弹簧夹头，它的外直径尺寸必须与铣刀卡盘的大小相一致，如图 1 – 4 – 82 所示。

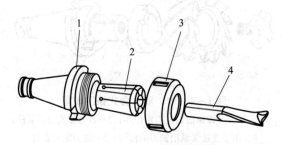

图 1 – 4 – 82　铣刀卡盘与弹簧夹头

1—铣刀卡盘；2—弹簧夹头；3—紧固螺母；4—带柄铣刀

例如，弹簧夹头的装夹范围为 2 ~ 16 mm，它的外径为 25.5 mm。当所用的铣刀刀柄直径为 6 mm 时，必须使用内径为 6 mm 的弹簧夹头。工件通过紧固螺钉装夹，它将弹簧夹头的一端与刀柄挤压在一起，这样构成了与铣刀卡盘之间的力传递。

当使用一侧相连的刀具套筒，如套式铣刀或铣刀卡盘时，会对铣床的主轴头产生一个更大的机械负载，这会导致锥形口扩张。由图 1 – 4 – 83 可以看出，这个力的传递会对铣刀主轴的刀具连接产生损伤，情况严重时会产生锥形刀柄的滑动，在几乎所有的使用范围内都会产生这种扩张，这会降低定位的精确度和加工的质量。另一个影响加工质量的原因是主轴的外棱边与工具连接套筒之间缺少法兰接触面，这会导致轴向的作用力对加工质量产生负面作用。

5. 带空心柄的工具连接

可以通过使用空心柄来改正锥形刀柄的连接缺点。在铣刀主轴处增加一个法兰接触面可以明显减小锥形口的扩张。数控铣床的自动换刀可以实现较高的定位精度。带空心柄的连接套筒必须与合适的铣床主轴相匹配。空心柄连接套筒的连接与装夹如图 1 – 4 – 84 所示。

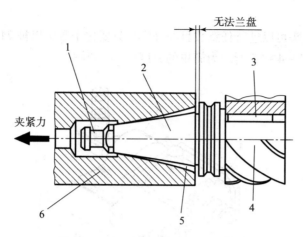

图 1 – 4 – 83　铣刀一侧相连刀具套筒

1—紧固螺栓；2—锥形刀柄；3—垫片；4—铣刀；

5—主轴口的扩张；6—铣刀主轴

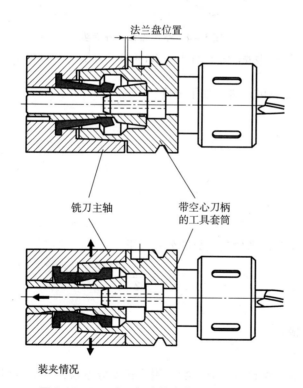

图 1 – 4 – 84　空心柄连接套筒的连接和装夹

（七）分度头铣削加工

在加工六边轴或者齿轮轴时，需要将工件的表面进行等分，这一过程称为"分度"，所使用的工具称为分度头。分度头同时也用于工件的装夹。

根据加工任务，分度方式可以分为以下两种。

1. 直接分度

使用简单的分度头可以进行任意数目的分度，只要这个数可以被24整除（数字24代表分度盘的槽数）。图1-4-85所示为简单的分度头。

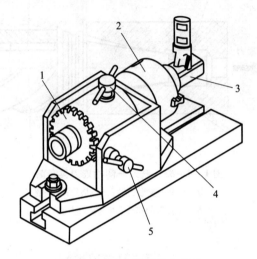

图1-4-85　简单的分度头

1—分度盘；2—卡盘；3—工件；4—压紧螺母；5—调节螺钉

带有24个槽的分度盘可以进行如下分度：

2：12个槽；

3：8个槽；

4：6个槽；

8：3个槽；

12：2个槽；

24：1个槽。

当使用其他分度头时，槽数或孔数的公式如下：

$$n_1 = \frac{n_L}{T}$$

式中，n_1——孔数；

　　　n_L——分度头槽数；

　　　T——工件等分数。

通过压紧螺母和调节螺钉设置分度数，用手转动分度盘，直至达到所要求的槽数。当压紧螺母和调节螺钉紧固后才能进行切削加工。

2. 间接分度

间接分度时使用万能分度头，如图1-4-86所示。分度盘通过一个传动比为40：1或60：1的蜗轮蜗杆传动装置进行分度。通过手摇柄的整圈旋转，可以实现任意的分度，只要这个数字可以被40或60整除。当手摇柄无法完成整圈时，可以通过传动比和工件等分数来计算所需要的孔圈。当手柄的转动次数无法为整数时，就需要通过孔圈来调节，如

图 1 – 4 –87 所示。

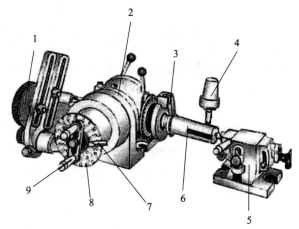

图 1 – 4 – 86 万能分度头

1—齿轮；2—万能分度头；3—定位销；4—带铣刀的卡盘；5—尾架；
6—工件；7—分度叉；8—分度盘；9—手摇柄

图 1 – 4 –87 万能分度头结构

通常共有三种可更换的分度盘：

第一块分度盘各孔圈数为：15，16，17，18，19，20。

第二块分度盘各孔圈数为：21，23，27，29，31，33。

第三块分度盘各孔圈数为：37，39，41，43，47，49。

举例：计算分度手柄旋转次数 n_k，以及选择合适的分度盘。要求加工一个 25 齿的齿轮，使用万能分度头进行装夹。已知：分度数（齿数）$T = 25$，传动比 $i = 40:1$。

求：分度手柄旋转次数 n_k；分度盘的孔圈数 n_L；孔距 n_I。

答案：

由 $n_k = \dfrac{i}{T}$，即

$$n_k = \frac{40}{25} = \frac{8}{5} = 1\frac{3}{5}$$

接下来就是要验证，哪个分度盘有 5 的整数倍的孔圈，经过验证，分度盘 1 有 15 和 20 孔圈，满足这个要求。

这里选择 $n_L = 20$，根据所得到的手柄旋转次数乘以分数 3/5，即 $\dfrac{3}{5} = \dfrac{12}{20}$。

为了对齿轮进行等分加工，手柄先转过一个整圈，然后再沿 20 的孔圈转过 12 个孔距。分度叉可以简化孔圈的计数。

齿轮加工工序如下：

首先安装第一块分度盘，将带有定位销的手摇柄置于"0"号孔位置。分度叉的一侧臂靠近定位销，另一侧臂放置于计算出的孔圈数（$n_1 = 12$）位置。分度叉之间的距离为 12 孔。数孔距时，不用考虑 0 位，如图 1 - 4 - 88 所示。最后确定分度头的主轴，开始铣削齿轮第一个齿的边。

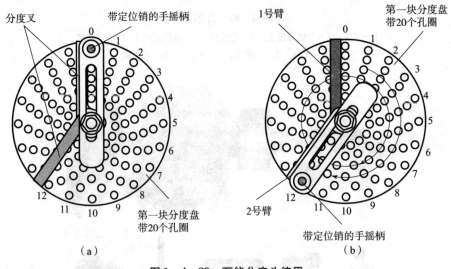

（a）　　　　　　　　　　　　　（b）

图 1 - 4 - 88　万能分度头使用

加工第二个齿之前应先释放分度主轴。拔出定位销，手摇柄继续旋转至分度叉的另一侧。因为有定位销，手摇柄转至"12"号孔处就会停止，分度叉的一侧臂挡在手摇柄前，然后确定分度头的主轴，铣削第二个齿的边。这样就加工完成了第一个齿。整个加工过程就是不断重复此步骤。

（八）铣削参数表

铣削工艺的参数选择方案如下。

1. 主轴转速的确定

主轴转速应根据允许的切削速度和工件或刀具的直径来选择。计算的主轴转速最后要根据机床说明书选取机床有的或较接近的转速。

2. 进给速度的确定

进给速度是数控机床切削用量中的重要参数，主要根据零件的精度和表面粗糙度要求以及刀具、工件的材料性质选取。进给速度受机床刚度和进给系统的性能限制。在轮廓接近拐角处应适当降低进给量，以克服由于惯性或工艺系统变形在轮廓拐角处造成的"超程"或

"欠程"现象。

3. 确定进给速度的原则

（1）当工件的质量要求能够得到保证时，为提高效率，可选择较高的进给速度。

（2）在切断、加工深孔或采用高速钢刀具时，宜选择较低的进给速度。

（3）当对精度、表面粗糙度的要求较高时，进给速度应选小些。

（4）刀具空行程，特别是远距离"回零"时，可以选择该机床数控系统给定的进给速度。

4. 背吃刀量确定

背吃刀量根据机床、工件和刀具的刚度来决定，为了保证表面质量，可留精加工余量。在刚度允许的条件下应尽可能使背吃刀量等于工件的余量，这样可以减少走刀次数，提高效率。

5. 铣削刀具与参数选择

铣削刀具与参数选择见表 1 – 4 – 6。

表 1 – 4 – 6　铣削刀具及参数选择

项目	工件材料		切削速度 v_c/ ($\text{m} \cdot \text{min}^{-1}$)	进给量 f/ ($\text{mm} \cdot \text{r}^{-1}$)			
	材料组别	抗拉强度 Rm 或硬度 HB		铣刀 （立铣刀除外）	立铣刀直径 d/mm		
					6	12	20
HSS 铣刀铣削标准值	低强度钢	$Rm \leqslant 800 \text{ N/mm}^2$	50 ~ 100	0.05 ~ 0.15	0.06	0.08	0.10
	高强度钢	$Rm > 800 \text{ N/mm}^2$	30 ~ 60				
	不锈钢	$Rm \leqslant 800 \text{ N/mm}^2$	15 ~ 30				
	铸铁、可锻铸铁	$\leqslant 250\text{HB}$	25 ~ 40				
	铝合金	$Rm \leqslant 350 \text{ N/mm}^2$	50 ~ 100				
	铜合金	$Rm \leqslant 500 \text{ N/mm}^2$	50 ~ 100				
	热塑塑料	—	100 ~ 400	0.10 ~ 0.20	0.10	0.15	0.20
	热固塑料	—	100 ~ 400				
涂层硬质合金刀具铣削标准值	低强度钢	$Rm \leqslant 800 \text{ N/mm}^2$	200 ~ 400	0.05 ~ 0.15	0.06	0.08	0.10
	高强度钢	$Rm > 800 \text{ N/mm}^2$	150 ~ 300				
	不锈钢	$Rm \leqslant 800 \text{ N/mm}^2$	150 ~ 300				
	铸铁、可锻铸铁	$\leqslant 250\text{HB}$	150 ~ 300				
	铝合金	$Rm \leqslant 350 \text{ N/mm}^2$	50 ~ 100				
	铜合金	$Rm \leqslant 500 \text{ N/mm}^2$	400 ~ 800				
	热塑塑料	—	500 ~ 1 500	0.10 ~ 0.20	0.10	0.15	0.20
	热固塑料	—	400 ~ 1 000				

（九）练习与答案

1. 练习1

要求使用 DIN 844 – A20K – N – HSS 铣刀，对一个轴进行铣槽加工。切削速度 v_c 为 26 m/min，计算所需的主轴转速。铣床的转速设置为 100 r/min、160 r/min、250 r/min、400 r/min、600 r/min、1 000 r/min，应选择哪个转速？

题目转化：已知切削速度 $v_c = 26$ m/min，按照铣刀标识确定 $d = 20$ mm，求 n。

解题：$v_c = d \cdot \pi \cdot n$，则可得

$$n = \frac{v_c}{\pi \cdot d} = \frac{26 \times 1\,000}{20 \times 3.14} = 413.8\,(\text{r/min})$$

所以应选择转速 $n = 400$ r/min。

2. 练习2

任务要求加工一个齿数为 60 的齿轮。请计算手柄旋转次数 n_k，并选择合适的分度盘以及如何设置孔圈。

题目转化：已知齿数 $T = 60$，转换比例为 $i = 40:1$，求 n_k，n_L，n_I。

解题：

$$n_k = \frac{i}{T} = \frac{40}{60} = \frac{2}{3}$$

n_L 是 n_k 除数的整数倍，第一块分度盘各孔圈数为 15、16、17、18、19、20，因此选择 $n_L = 18$。

$$n_I = n_k \times n_L = \frac{2}{3} \times 18 = 12$$

所以，为了加工这个工件，手摇柄应沿 18 的孔圈转过 12 个孔距。

3. 练习3

任务要求将一块钢材加工为台阶，原材料为 E295，尺寸为 160 mm × 50 mm × 360 mm。要求台阶长度为 $L = 360$ mm，使用台阶铣方式（粗铣）加工截面，尺寸为 20 mm × 20 mm。整个台阶加工的行程次数为 4 次，套式立铣刀（HSS）的直径为 80 mm，进给量 $f = 0.2$ mm/r，切削速度 $v_c = 35$ m/min，切入行程长度和切出行程长度为 1.5 mm。铣床的转速设置项为 100 r/min、200 r/min、400 r/min、600 r/min、800 r/min、1 000 r/min。

假设给出的加工时间为 60 min。请计算实际加工所需要的时间，并判断在所给出的时间内是否可以完成加工。

题目转化：已知 $f = 0.2$ mm，$l_a = 1.5$ mm，$d = 80$ mm，$l_u = 1.5$ mm，$i = 4$，$v_c = 35$ m/min，求 t_h。

解题：

$$t_h = \frac{L \cdot i}{v_f}$$

$$v_f = n \cdot f = \frac{v_c}{\pi d} \cdot f$$

$$L = l + l_s + l_a + l_u$$

式中, $l_s = \sqrt{d \cdot a - a^2}$。

计算:

$$a = \frac{20}{i} = \frac{20}{4} = 5 \, (\text{mm})$$

$$l_s = \sqrt{80 \times 5 - (5)^2} = \sqrt{400 - 25} = 19.4 \, (\text{mm})$$

$$L = l + l_s + l_a + l_u = 360 + 19.4 + 1.5 + 1.5$$
$$= 382.4 \; (\text{mm})$$

$$n = \frac{35 \times 1\,000}{3.14 \times 80} = 139.33 \, (\text{r/min})$$

按照铣床转速设置, 选择 $n = 100$（r/min）, 则

$$v_f = 100 \times 0.2 = 20 \, (\text{mm/min})$$

$$t_h = \frac{382.4 \times 4}{20} = 76.5 \, (\text{min})$$

计算出的加工时间为 76.5 min, 因此, 在所给的时间 60 min 内不能完成。

三、铣床的维护与保养

铣削加工的质量也取决于铣床的工作状态, 这就需要我们定时地对铣床进行保养。另外, 在制造商提供的说明书中也有部分针对铣床的保养说明。

保养主要分为以下几个内容:

（1）按照制造商提供的润滑图表进行润滑、保养。

（2）使用前应对夹具、工具和量具进行检查。

（3）铣床主轴的锥孔要清洁干净。

（4）按照说明书对铣床定期进行关机维护, 此外还要进行不定期的检查。

（5）及时清除冷却槽内过量的冷却液。

（6）清洗铣床并对导轨添加润滑油。

定时保养可以减少铣床的故障, 从而延长使用寿命。

（一）润滑、保养

铣床的润滑、保养如图 1-4-89 所示, 润滑、保养要求见表 1-4-7。

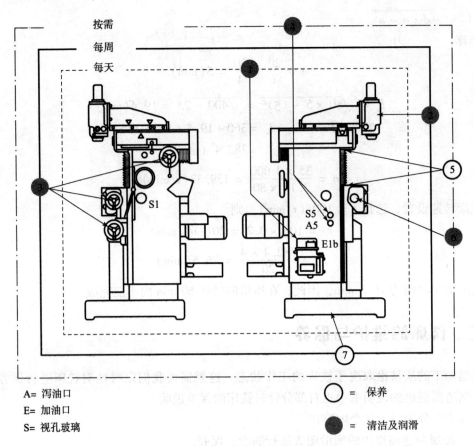

A= 泻油口
E= 加油口
S= 视孔玻璃

○ = 保养

● = 清洁及润滑

图 1 - 4 - 89 铣床的润滑、保养

表 1 - 4 - 7 铣床的润滑、保养要求

序号	润滑/保养位置	频率	润滑剂量	备　　注
1	主要润滑处（自动）	每天	容器容量为 2.7 L	参照说明书
2	立式铣削头	每周	几滴	使用油压机
3	手轮	每周	几滴	使用油压机
4	主驱动	每年	约 1.5 L	先将旧润滑液排空、清洁，再注入新的润滑液至视孔玻璃 S5 的一半高度
5	切削器	按需	—	取下并清洁（参照说明书）
6	工作台面轴	按需	—	拆除防护罩后进行清洁，并手动润滑（每月至少 1 次）
7	冷却槽	每 6 周	约 8 L	排空、清洁（参照说明书）

（二）润滑液和冷却液

铣床的润滑液和冷却液参照表 1 - 4 - 8 所示进行选择与使用。

表 1 - 4 - 8 铣床的润滑液和冷却液的选择参照

使用范围	冷却液种类	润滑液种类
主轴箱 进给箱	液压油 HLP DIN 51524/2 ISO VG46	BP Energol HLP46 CASTROL Vario HDK ESSO Nuto H646 KLÜBER Croucolan46 MOBIL DTE25
轨道	导轨油 CGL DIN 51502 ISO VG68	BP Maccurat68 CASTROL Magnaglide ESSO Febis K68 KLÜBER Lamora Super Pollad68 MOBIL Vactra2
所有的油脂润滑处 接头 齿轮	油脂 DIN 51804/T1NLGI2 DIN 518071	EMCO Gleitpaste BP L2 CASTROL Greace MS3 KLÜBER Altemp QNB50 MOBIL Mobilgreace Special RÖHM F80
金属加工	冷却液	CASTROL Syntilo R Plus CASTROL DC282 CASTROL Alusol B BP Fedaro BP Olex BP Bezora

（三）检查列表

铣床的维护与保养检查项目如表 1 - 4 - 9 所示。

表 1 - 4 - 9 铣床检查

铣床周围是否无安全隐患？ □	
铣床是否有定期维护？ □	
各油位是否在正常范围？ □	

| 夹具是否都工作正常？ ☐ |
| 铣床的各个控制元件是否都工作正常？ ☐ |
| 电子设备是否都工作正常（如开关、急停按钮、照明设备）？ ☐ |
| 在试运行时铣床是否有不正常的异响？ ☐ |
| 冷却系统是否工作正常？ ☐ |

知识五　磨削加工知识库

磨削加工是一种使用几何形状不规则的切削刃进行切削加工的方法。

当今，机械制造业更新的循环周期越来越短，例如汽车制造业，对汽车产品具有的更高经济性能、更强环境兼容性、更高安全性和驾驶舒适度等方面的要求逐步增高。同等规模下，对于高精密度和高经济性零件的加工，在机械制造业以及汽车制造业的意义日趋重要。唯有如此，才能保证企业迅速适应国际市场的变化。

发动机制造的精密零件、变速箱技术和汽车底盘技术以及大量的辅助装置等，均需要用到磨削加工的技术技巧，以适应高精度的要求。磨削加工的精密零件如图1-5-1所示。

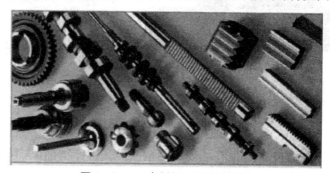

图1-5-1　磨削加工的精密零件

传动轴的几何形状和所使用的砂轮的类型可使多个磨粒同时切入工件。因此，砂轮与待加工材料之间的接触区内可形成不同的切削条件，加入附加部件和辅助材料后，便形成了一个非常复杂的磨削加工过程，如图1-5-2所示。

图1-5-2　磨削加工过程

磨削加工中的多刃刀具由大量天然或人工合成磨粒组成，其中粘接在高速旋转砂轮圆周上的磨粒并不持续切入工件材料。

磨削特别适用于加工淬火后的材料和对表面质量以及性状精度要求很高的工件。影响磨削加工结果的因素有很多，其中最重要的是磨料、加工速度和切削量。

一、磨削特点

磨削是在磨床（见图 1 - 5 - 3）上用砂轮作为切削刀具对工件进行切削加工的方法。该方法的特点如下：

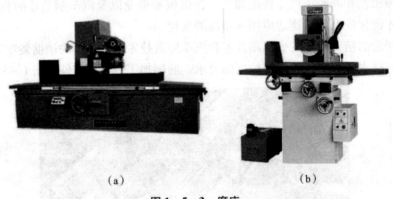

（a）　　　　　　　　　　　　　（b）

图 1 - 5 - 3　磨床

（1）由于砂轮磨粒本身具有很高的硬度和耐热性，因此磨削能加工硬度很高的材料，如淬硬的钢、硬质合金等。

（2）砂轮和磨床特性决定了磨削工艺系统能做均匀的微量切削，一般 $a_p = 0.001 \sim 0.005$ mm；磨削速度很高，一般可达 $v = 30 \sim 50$ m/s；磨床刚度好；采用液压传动，因此磨削能经济地获得高的加工精度（IT6 ~ IT5）和小的表面粗糙度（$Ra = 0.8 \sim 0.2$ μm）。磨削是零件精加工的主要方法之一。

（3）由于剧烈的摩擦，故磨削区温度很高，这会造成工件产生应力和变形，甚至导致工件表面烧伤。因此，磨削时必须注入大量的冷却液，以降低磨削温度。冷却液还可起到排屑和润滑的作用。

（4）磨削时的径向力很大，这会造成机床—砂轮—工件系统的弹性退让，使实际切深小于名义切深。因此，磨削将要完成时，应进行光磨，以消除误差。

（5）磨粒磨钝后，磨削力也随之增大，致使磨粒破碎或脱落，重新露出锋利的刃口，此特性称为"自锐性"。自锐性使磨削在一定时间内能正常进行，但超过一定工作时间后应进行人工修整，以免磨削力增大而引起振动、噪声及损伤工件表面质量。

二、磨料

不同的磨削加工任务要求使用不同的磨料类型。使用天然磨料金刚石和金刚砂不需要很高的制备技术投入，但制造人工合成磨料需要很高的能源消耗于高温高压的熔炼和压制过程

（刚玉 - 氧化铝、碳化物 - 碳化合物、氮化物 - 氮化合物和金刚石）。磨料的符号、名称、硬度和典型用途见表 1 - 5 - 1。

表 1 - 5 - 1　磨料的符号、硬度、名称和典型用途

符号	磨料	硬度标准		典型用途
		莫氏硬度/HM	努氏硬度/HK	
A	普通刚玉（Al_2O_3）	约9	18 000	低于 60HRC 的中等韧性材料至硬质材料（$R_m <$ 500 N/mm^2），如非淬火钢、可锻铸铁
	白刚玉（Al_2O_3）	9.0 ~ 9.2	21 000	超过 60HRC 的韧硬钢，如工具钢、玻璃的磨削和抛光
B	碳化硅（金刚砂）（SiC）	9.5 ~ 9.7	24 800	端面磨削硬件质合金、灰口铸铁、陶瓷、有色金属、高速切削钢、热加工和冷作加工钢
C	氮化硼（BN）	—	60 000	精密磨削韧硬钢，如高速切削钢、热加工和冷作加工钢
D	金刚石（C）	10	70 000	精密磨削韧硬材料和脆性材料，如硬质合金、灰口铸铁、玻璃、陶瓷

1. 粒度

磨粒大小通常用粒度来表示。通过使用不同规格的筛子进行筛选，得出 4 个粒度级别：粗、中等、细和极细。以每英寸①长度上网眼数量用作磨料的粒度编号，但极细粒度必须通过特殊的粒度水析法进行分离。以上磨料类型的筛网网眼宽度单位为 μm。

名称举例：

B 320：氮化硼 BN 的粒度（极细）；

D 80：金刚石磨粒的粒度（细）；

C 46：碳化硅 SiC 的粒度（中等）；

A 24：刚玉 Al_2O_3 磨粒的粒度（粗）。

待使用的粒度取决于工件所要求的表面粗糙度。工件外形轮廓越复杂，要求的表面粗糙值越小，砂轮的粒度要求越细。作为实际加工时的一般标准值，粗磨淬火钢的粒度为 24/30，更精密的磨削，如精磨则要求粒度为 80/100，如图 1 - 5 - 4 所示。在图 1 - 5 - 4 中：GS - 钢铸件；GTW - 白心可锻铸铁；GTS - 黑心可锻铸铁；GG - 灰口铸铁。

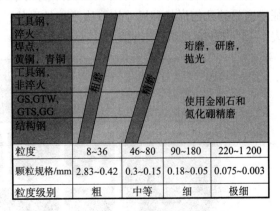

图 1 - 5 - 4　磨削粒度的应用

---

① 1 英寸（in）= 2.54 厘米（cm）。

2. 应用标准

（1）细粒：精磨或精密磨。

（2）粗粒：粗磨。

3. 磨粒类型

天然或人工制造磨粒的区别在于其颗粒形状，如尖锐颗粒或等积状颗粒，根据其特性可分别应用于不同用途，如图1-5-5（a）所示。加工长切削工件（塑性材料）宜使用尖锐颗粒的砂轮；等积状颗粒的锋利边棱在加工脆性材料时更为耐磨。

4. 单晶磨粒（单颗粒晶体）

等积状颗粒的强度高，适宜加工硬质和脆性工件材料，如金刚石砂轮。

5. 聚晶磨粒（多颗粒晶体）

不规则结构的颗粒具有更大的分裂表面，因此，在磨削过程中剥离会产生出比单晶磨粒更小的工件材料微粒。粗糙的颗粒表面能保证砂轮结合剂有更好的粘接效果，通过提高加工更硬工件材料时的摩擦磨损，可获得更为有效的磨粒使用效果。

6. 磨粒覆层

以铜制或镍制薄金属层或非金属层（如陶瓷涂层）作为磨粒覆层可提高砂轮粘接时磨粒的结合力，同时改善磨具的导热性 Q_{ab}，如图1-5-5（b）所示。

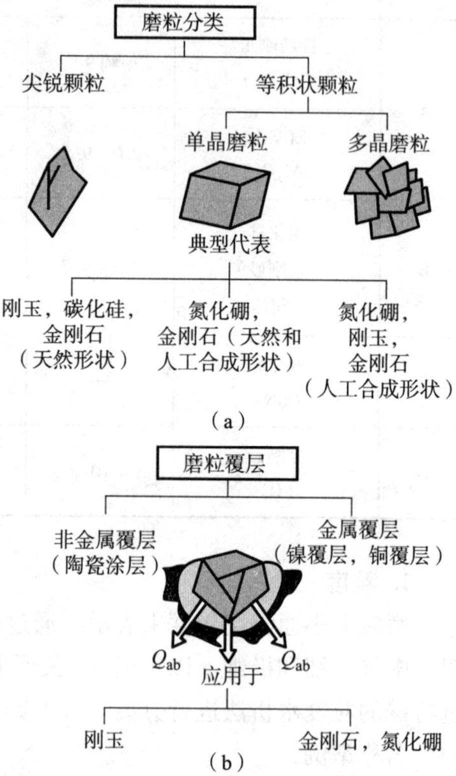

图1-5-5 磨粒类型和磨粒覆层

（a）磨粒类型；（b）磨粒覆层

三、磨具

磨具的组成成分和几何形状以实际使用条件为准。DIN标准已搜集磨具的所有典型特征。磨具的几何形状和尺寸均取决于工件形状，如图1-5-6所示，其编号1~9的说明见表1-5-2。磨粒结合组成的磨具见表1-5-3。

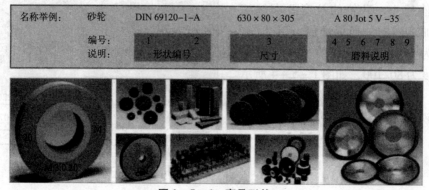

图1-5-6 磨具形状

表 1 - 5 - 2 磨具名称说明

编号	DIN 说明	一般性说明
1	DIN 69120-1	平形砂轮，无凹，一个端面为优先工作面。 应用举例： 磨端面，磨外圆，磨内圆，成形磨削，切断和刃磨刀具
2	边缘形状标记符号	A：端面直线边缘形状
3	砂轮主要尺寸	$630 \times 80 \times 305$ D：外径 $= 630$ mm T：砂轮宽度 $= 80$ mm H：孔径 $= 305$ mm
4	磨料类型	A：白刚玉
5	粒度数据	80：细（=每英寸长度上 80 个网眼）
6	砂轮硬度数据	Jot：软——用于普通磨削
7	组织数据	5：中等组织密度
8	结合剂类型	V：陶瓷结合剂
9	圆周速度（最大值）	35：最高圆周速度

表 4 磨料类型

磨料	符号	化学成分	硬度 HM	硬度 HK
金刚砂	SL	$Al_2O_3 + SiO_2 + Fe_2O_3$	8	
白刚玉	A	Al_2O_3	9	2 080
碳化硅	C	SiC	9.6	2 480
氮化硼	B	HN	—	4 700
金刚石	D	C	10	7 000

表 5 粒度数据

分类	每英寸长度上网眼数
粗	4,5,6,7,8,10,12,14,16,20,22,24
中等	30,36,46,54,60
细	70,80,90,100,120,150,180,220
极细	230,240,280,320,360,400,500,600,800,1 000,1 200

表 6 砂轮硬度数据

分类	标记字母
极软	A,B,C,D
很软	E,F,G
软	H,I,Jot,K
中等	L,M,N,O
硬	P,Q,R,S
很硬	T,Y,V,W
极硬	X,Y,Z

表 7 组织数据

标记数字	0,1,2,3,4,5,6,7,8,9,10,11,12,13,14
组织	封闭型（密封） 开放型（有孔隙）

表 8 结合剂类型

结合剂类型	符号	特性	用途
陶瓷	V	有空隙，脆性	精磨
人工树脂	B	弹性	切断
金属	M	韧性，耐压	成形磨
电镀结合剂	G	高切削能力	硬质合金内部磨削
橡胶结合剂	H	弹性	切断
虫胶结合剂	E	韧弹性	仿形磨削
磷镁结合剂	Mg	软	干磨

表1-5-3 磨粒结合组成的磨具（按DIN 69111 第1部分）

主组	子组（名称）	图示（▶表示优先工作面的符号）	标称尺寸	形状编号（DIN 69100 第1部分）	应用举例（节选）								
					端面磨削	切断磨削	外圆磨削	内圆磨削	齿面磨削	锯片刃磨	刀具刃磨	砂轮修磨	手工机磨削
1.2组 凸形和渐薄形砂轮	1.2.5 双面凹和双面渐薄		$D \times T/N \cdots \times H-P \cdots \times F \cdots /G \cdots$ 举例：508×80/N5×304.8-P390×F10/G5	26	●	●			●				
	1.2.4 双面渐薄	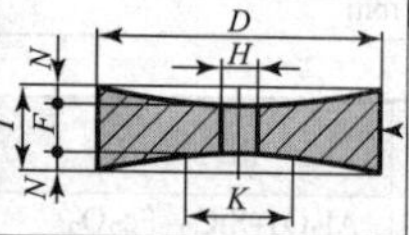	$D/K \cdots \times T/N \cdots \times H$ 举例：508/K400×50/N 5×304.8	21	●	●			●				
	1.2.3 单面渐薄	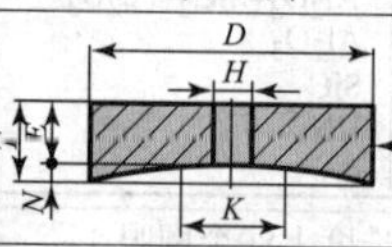	$D/K \cdots \times T/N \cdots \times H$ 举例：508/K400×50/N 5×304.8	20	●	●			●				
	1.2.2 双面带锥	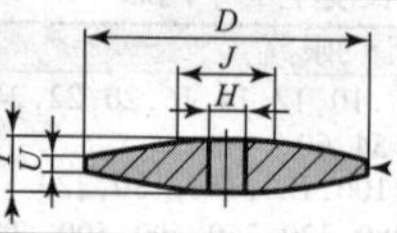	$D \cdots \times T \cdots \times H$ 举例：150×25×20	4					●	●	●		
	1.2.1 单面带锥	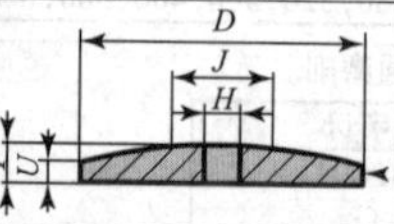	$D/J \cdots \times T/U \cdots \times H$ 举例：300/J100×32/U4×76.2	3					●		●		
1.1组 平形砂轮	1.1.5 双面台阶	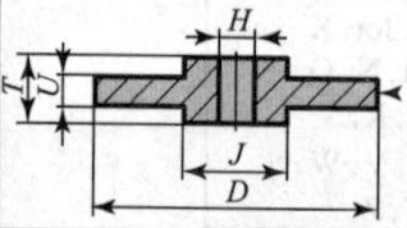	$D/J \times T/U \times H$ 举例：610/390×32/20×304.8	39	●		●				●		
	1.1.4 单面台阶	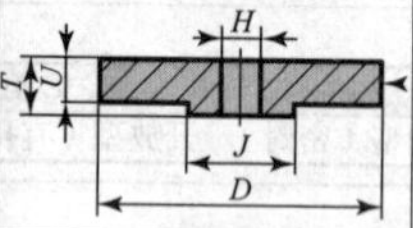	$D/J \times T/U \times H$ 举例：610/390×32/20×304.8	38	●		●				●		
	1.1.3 双面凹	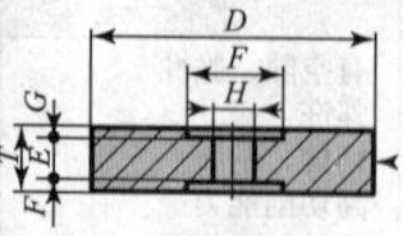	$D \times T \times H-P \cdots \times F/G$ 举例：760×100×304.8-P410×F30/G30	7			●					●	
	1.1.2 单面凹	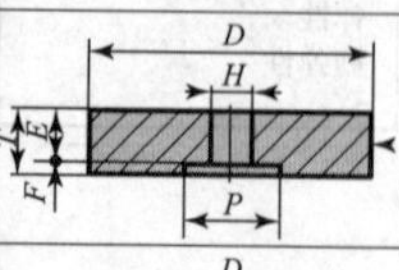	$D \times T \times H-P \cdots \times F$ 举例：508×50×304.8-P390×F20	5	●		●						
	1.1.1 无凹	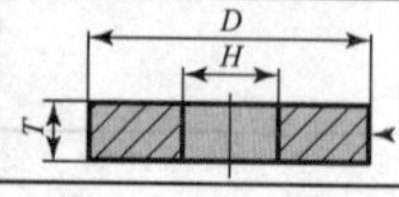	$D \times T \times H$ 举例：300×20×127	1	●	●	●	●	●	●	●	●	●

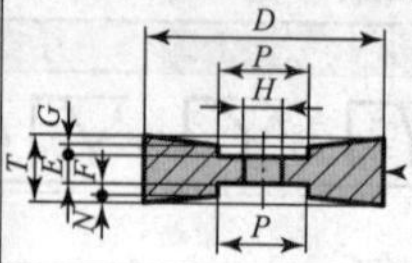

续表

主组	子组（名称）	图示（▶表示优先工作面的符号）	标称尺寸	形状编号（DIN 69100第1部分）	应用举例（节选） 端面磨削 1	切断磨削 2	外圆磨削 3	内圆磨削 4	齿面磨削 5	锯片刃磨 6	刀具刃磨 7	砂轮机 8	手工磨削 9
1.8组 油石、磨石	1.8.1 磨石油石（矩形）	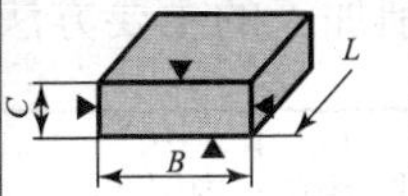	B×C×L 举例： 50×25×200	26									
1.7组 磨头	1.7.1 磨头（圆柱形）	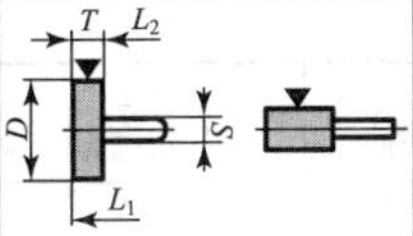	D×T×S 举例： 20×20×03	52			●					●	
1.6组 砂瓦	1.6.1 砂瓦	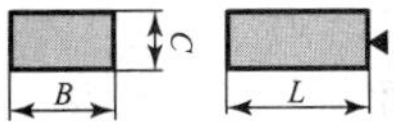	B×C×L	3101	●								
1.5组 钹形砂轮	1.5.2 钹形砂轮（钟形）	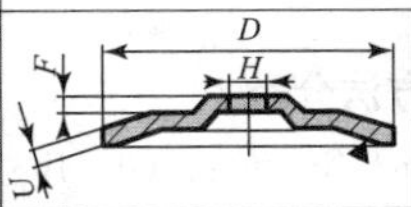	D×U×H 举例： 80×5×13	28		●							
	1.5.1 钹形砂轮	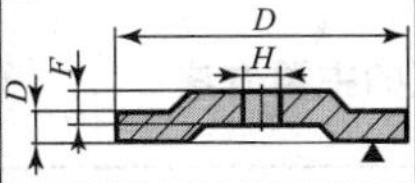	D×U×H 举例： 230×6×22.23	27		●							●
1.4组 碗形和碟形砂轮	1.4.3 碟形砂轮	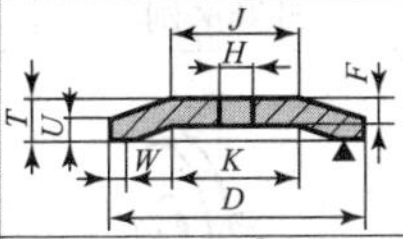	D/J…×T/U×H–W…×E…×K… 举例： 200/J 92×32/U32×32–W10×E12×K92	12					●	●	●		●
	1.4.2 锥形碗形砂轮	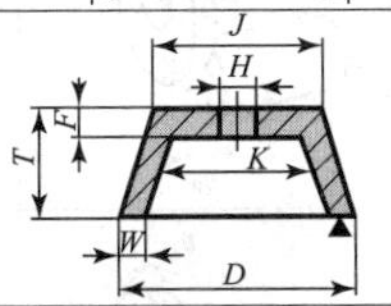	D/J…×T×H–W…×E…×K… 举例： 150/J 114×50×32–W10×E13×K96	11							●		
	1.4.1 圆柱形碗形砂轮	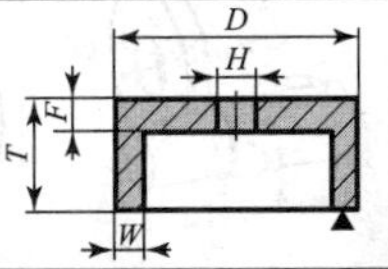	D×T×H–W…×E… 举例： 200×63×76.2–W20×E 20	6							●		
1.3组 固定在支承盘上的砂轮	1.3.3 螺钉固定在支承盘上的圆柱形砂轮	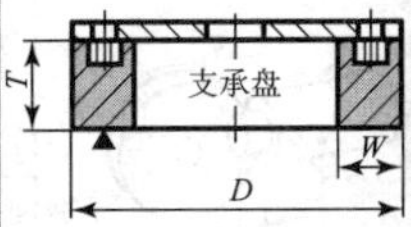	D×T×W… 举例： 350×70×W 40	37	●						●	●	
	1.3.2 螺钉固定在支承盘上的砂轮	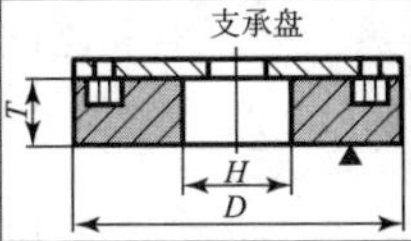	D×T×H 举例： 600×70×20	36	●							●	
	1.3.1 粘接固定在支承盘上的砂轮	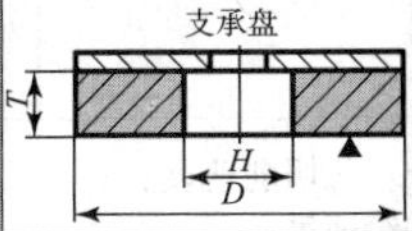	D×T×H 举例： 450×63×200	35	●							●	

四、磨削方法分类

使用回转体刀具的磨削方法分类采用 DIN 8589 第 11 部分（1984 – 01）的分类法，按照工件形状（序号第 4 位）、砂轮相对于工件的位置（序号第 5 和第 6 位），以及进给运动（序号第 7 位）进行划分，如图 1 – 5 – 7 所示。磨削加工的主要方法见表 1 – 5 – 4。

···1 端面磨削	···2 外圆磨削	···3 螺纹磨削
···4 分度滚磨	···5 成形磨削	···6 仿形磨削

（a）

···1 外圆磨削	···2 内圆磨削

（b）

···1 （用砂轮） 四周磨削	···2 （用砂轮） 端面磨削

（c）

···1 纵向磨削	···2 横向磨削	···3 斜面磨削
···4 自由形状磨削	···5 仿形磨削	···6 动态仿形磨削
···7 数控仿形磨削	···8 连续分度滚磨	···9 非连续分度滚磨

（d）

图 1 – 5 – 7 磨削方法分类

（a）序号第 4 位；（b）序号第 5 位；（c）序号第 6 位；；（d）序号第 7 位；

表 1 – 5 – 4 磨削加工的主要方法

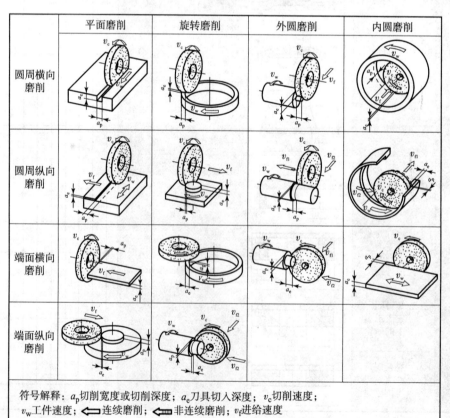

符号解释：a_p 切削宽度或切削深度；a_e 刀具切入深度；v_c 切削速度；v_w 工件速度；⇐ 连续磨削；⇚ 非连续磨削；v_f 进给速度

五、运动、力和磨削效率

主运动和副运动之间的协调是所有切削分离加工方法的重要特征。主运动，相对于工件材料分离而言，就是砂轮的切削运动和工件运动，其有效运动是一个磨粒的瞬时运动。

副运动是不直接参与工件材料分离的运动，如刀具趋近运动、回程运动、横向进给运动和调节运动。

所有砂轮与工件之间的调节运动均要求相对进行。

在本部分中，a_p 表示切削宽度或切削深度，a_e 表示刀具切入深度。（参照前面关于铣刀的旁注，国内教材通常将 a_p 称为背吃刀量，将 a_e 称为侧吃刀量。此处采用前面教材的说法。）

由于磨粒切削刃几何形状各不相同，故确定磨削中各作用力的数值非常复杂。与其他切削分离加工方法相比，磨削加工的各种力相对较小，现已有大量经验计算公式。

列入考虑之列的影响因素均源自各种不同的应用领域。重要的影响因素是工件材料的抗剪切强度、速度比、单位切削力和横向进给量，如图 1 − 5 − 8 所示。

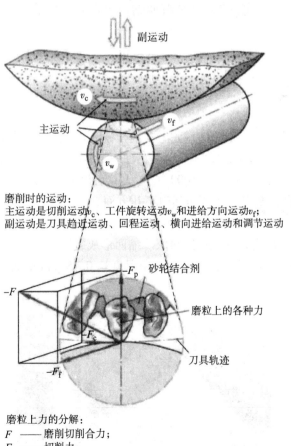

磨削时的运动：
主运动是切削运动 v_c、工件旋转运动 v_w 和进给方向运动 v_f；
副运动是刀具趋近运动、回程运动、横向进给运动和调节运动

磨粒上力的分解：
F —— 磨削切削合力；
F_c —— 切削力；
F_f —— 进给力；
F_p —— 背向力（$F_p > F_c$）

图 1 − 5 − 8 磨削时的运动和力

切削力 F_c（kN）、切削功率 P_c 和驱动功率 P_a 的简单计算。

如果设单位切削力约为 30 000 N/mm²，采用简化计算公式可求出实际使用的切削力数值 F_c。

$$F_c = \frac{v_w}{v_c} \cdot a_e \cdot a_p \cdot k_c$$

式中，v_c——切削速度（m/s）；

v_w——工件旋转速度（r/min）；

a_e——刀具切入深度（mm）；

a_p——切削宽度（mm）；

k_c——单位切削力（N/mm²）。

在这里，砂轮磨损、砂轮的冷却润滑、砂轮类型和实际待加工的工件材料均不予考虑。

根据图 1-5-8 所示的物理关系，可计算得出切削功率 P_c：

$$P_c = F_c \cdot v_c$$

$$P_c = v_w \cdot a_e \cdot a_p \cdot k_c$$

通过参考机械效率 η，可计算得出实际驱动功率 P_a：

$$P_a = \frac{P_c}{\eta}$$

六、切削条件

大多数以磨削代替切削使工件材料分离（前角 γ 不确定），以及由相对较高的切削速度 v_c 等因素形成的不利切削，均要求磨床具备较大的驱动功率。但是，输入的有效功率最高可有 90% 转化为热量，温度最高可达 1 000 ℃（火花飞溅），由此对工件和砂轮会产生极高的、因加工方法所致的热负荷，主要包括以下几方面。

（1）尺寸偏差（热胀冷缩——工件冷却后的报废危险）。

（2）由于存在工件应力，使工件因热胀冷缩而形成裂纹。

（3）烧伤点是温度高达回火温度并且作用深度达 0.15 mm 的表面印记，如图 1-5-9 所示。

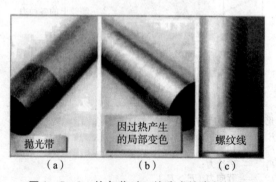

图 1-5-9　热负荷对工件造成的磨削损伤

（4）砂轮粘接结合松动。

通过适宜的切削条件可明显降低对工件和砂轮负面的发热影响。

降低热损伤的措施如下：

（1）设定值（设定小径向进给量和小速度比）。

（2）磨具选择（加工任务决定磨具的选用）。

（3）采用强力冷却润滑措施。

冷却润滑液可明显降低磨削产生的摩擦热。由于冷却液流持续带走磨削产生的热，故工件仅有有限升温。与此同时，冷却液流将冲洗砂轮的容屑空间。

冷却润滑液的种类和作用：

冷却润滑液可达到的润滑作用在实际应用中至关重要，冷却润滑液的种类和作用可以参照图 1 – 5 – 10。

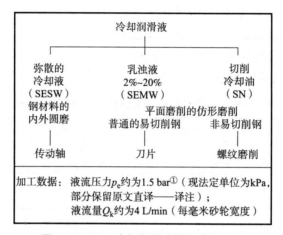

图 1 – 5 – 10　冷却润滑液的种类与作用

①弥散的冷却液，它由可溶于水的无机物，如苏打组成，在具有中等润滑作用的同时具有极佳的冷却作用。

②乳浊液，它通过相应的混合比例使油充分混合分布于水中，具有良好的冷却作用，但润滑作用小。

③切削冷却油，它由油与极性环氧树脂混合而成，具有良好的润滑作用，但冷却作用极小。

七、磨削方法的应用

对于应用目的而言，通过采用各种磨削方法，可低成本、高效地满足机械制造工业大量零件对质量特征（表面粗糙度、平面度）的要求。

（1）平面磨削（加工平面）。

平面磨削方法是通过端面磨削和圆周磨削，以工件的直线往复或旋转式进给运动以及刀具持续不断的切削运动，加工出平整的工件表面。

---

① 1 bar = 0.1 MPa = 100 kPa。

（2）圆周平面磨削。

磨削加工淬火的或端面平行的卡爪时，通过圆周平面磨削可取得良好的加工效果，如图 1 - 5 - 11 所示。

图 1 - 5 - 11　平面磨削的菱形卡爪

出于经济原因，圆周磨削宜使用宽大的砂轮，由此产生的工件与刀具之间的短小接触长度可保证良好的冷却润滑效果，从而将热负荷最小化。

小切深进给值 a_e、砂轮宽度 b_s 和大横向进给量 f（20% ~ 50%）均会影响到磨削的均匀分布及产生较小的周边磨损，如表 1 - 5 - 5 所示。

表 1 - 5 - 5　使用刚玉/碳化硅磨削铁材料的标准值

磨削方法	加工尺寸/mm	切深进给 a_e/mm	Rz/μm	粒度	v_c/（m·s^{-1}）	v_f/（m·min^{-1}）
粗磨	0.5 ~ 0.2	0.1 ~ 0.02	10 ~ 3	30 ~ 46	20 ~ 35	20 ~ 30
精磨	0.1 ~ 0.02	0.05 ~ 0.005	5 ~ 1	46 ~ 80		
超精磨	0.02 ~ 0.005	0.008 ~ 0.002	1.6 ~ 0.1	80 ~ 120		

使用圆周平面磨削方法时，刀具和工件轴线不同的位置可在工件上形成不同的表面结构，如图 1 - 5 - 12 所示。

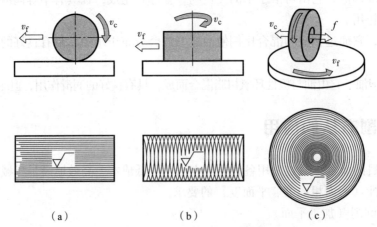

（a）　　　　　　　（b）　　　　　　　（c）

图 1 - 5 - 12　平面磨削方法的磨痕

圆周平面磨削：平行的表面沟纹方向；

端面平面磨削：弧形的表面沟纹方向；

平面 - 端面圆周磨削：向心的表面沟纹方向。

　　为保证达到磨削质量，包括形状公差、尺寸精度和表面粗糙度（精磨时，最高达到公差等级 IT4，Rz 值最高达到 0.1 μm），磨床的磨削主轴必须具有极高的刚性和径向跳动精度。对磨床工作台导轨和运动的要求，主要是保证修光所要求的位置重复精度。平面磨床如图 1 – 5 – 13 所示。

图 1 – 5 – 13　平面磨床

知识六　装配工艺知识库

一、装配的概念

任何一台机器设备都是由许多零件组成的，将若干个合格的零件按规定的技术要求组合成部件，或将若干个零件和部件组合成机器设备，并经过调整、试验等成为合格产品的工艺过程称为装配。图1-6-1所示为机床主轴传动系统的展开装配图，包括主轴、换挡与箱体

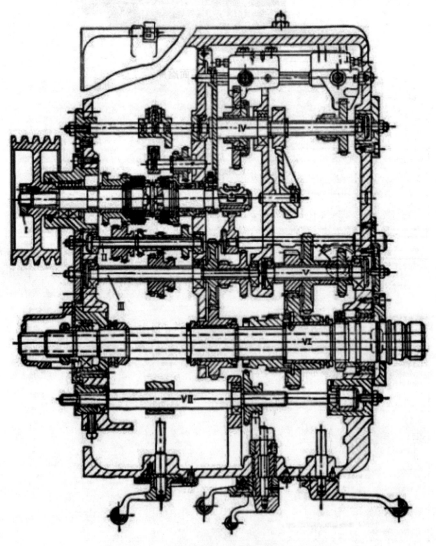

图1-6-1　机床主轴传动系统的展开装配图

机构等。装配是机器制造中的最后一道工序，因此它是保证机器达到各项技术要求的关键。装配工作的好坏，对产品的质量起着重要的作用。

二、装配技术

一台机器能否保证良好的工作性能和经济性以及可靠运转，在很大程度上取决于装配工作的好坏，即装配工艺过程对产品质量起决定性的影响。因此，为了提高装配质量和生产率，必须对与装配工艺有关的问题进行分析研究。例如，装配精度、装配方法、装配组织形式、装配工艺过程及其应注意的问题和装配技术规范，等等。图 1-6-2 所示为机用虎钳装配图。

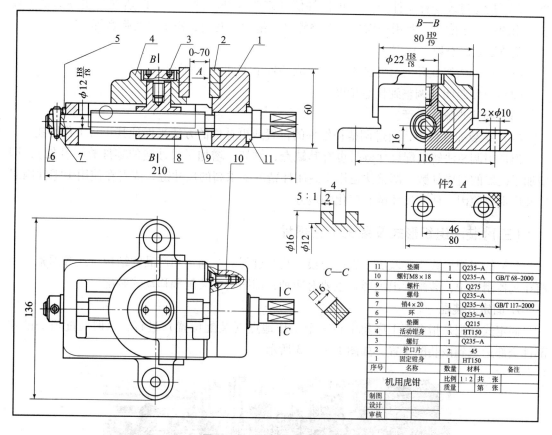

11	垫圈	1	Q235-A	
10	螺钉M8×18	4	Q235-A	GB/T 68-2000
9	螺杆	1	Q275	
8	螺母	1	Q235-A	
7	销4×20	1	Q235-A	GB/T 117-2000
6	环	1	Q235-A	
5	垫圈	1	Q215	
4	活动钳身	1	HT150	
3	螺钉	1	Q235-A	
2	护口片	2	45	
1	固定钳身	1	HT150	
序号	名称	数量	材料	备注

机用虎钳　比例 1:2　共　张　质量　第　张　制图　设计　审核

图 1-6-2　机用虎钳装配图

（一）装配精度

机器制造时，不仅要保证各成品零件具有规定的精度，而且还要保证机器装配后能达到规定的装配技术要求，即达到规定的装配精度。装配精度既与各组成零件的尺寸精度和形状精度有关，也与各组成部件和零件的相互位置精度有关，尤其是作为装配基准面的加工精度，对装配精度的影响最大。例如，为了保证机器在使用中工作可靠，延长零件的使用寿命以及尽量减少磨损，应使装配间隙在满足机器使用性能要求的前提下尽可能小。这就要求提高装配精度，即要求配合件的规定尺寸参数同装配技术要求的规定参数尽可能相符合。此外，形状和位置精度也应尽可能同装配技术要求中所规定的各项参数相符合。

为了提高装配精度，必须采取一些措施：

（1）提高零件的机械加工精度；

（2）提高各部件的装配精度；

（3）改善零件的结构，使配合面尽量减少；

（4）采用合理的装配法和装配工艺过程。

（二）装配方法

调整法与修配法相似，也是应用补偿件的方法。调整法的实质是：装配时不是切除多余金属，而是通过改变补偿件位置或更换补偿件来改变补环的尺寸，以达到封闭环的精度要求。用调整法装配时，常用补偿件有调整螺钉、垫片、套筒、楔子以及弹簧等。

调整法装配有以下优点：

（1）可加大组成环的尺寸公差，使组成环各个零件便于制造。

（2）可使封闭环调整到任意精度。

（3）易实现流水生产。

（4）在装配过程中，通过调整补偿件的位置或更补件的方法来保证其正常工作性能。

但是用调整法解装配尺寸链时也有其缺点，例如，增加了尺寸链的零件数（补偿），即增加了机器的组成件数。调整法适用于封闭环精度要求高的尺寸链，或者在使用中零件因温升及磨损等原因，使其尺寸链有变化的地方。

（三）装配组织形式及装配工艺规程

装配的组织形式主要取决于生产规模、装配过程的劳动量和产品的结构特点等因素。目前在机器制造中，装配的组织形式主要有两种，即固定式装配和移动式装配。

1. 固定式装配

固定式装配是指全部工序集中在一个工作地点（装配位置）进行，这时装配所需的零部件全部运送到该装配位置，如图 1-6-3 所示。

图 1-6-3　固定式装配

固定式装配包括集中原则固定式装配和分散原则固定式装配两种方式。

1）集中原则固定式装配

进行固定式装配的全部装配工作均由一组工人在各工作地点完成，由于装配过程有各种不同的工作，所以这种组织形式要求有技术水平较高的人和较大的生产面积，装配周期一般也较长。因此，这种装配组织形式只适于单件小批量生产、试制产品以及修理车间等的装配工作。

2）分散原则固定式装配

把装配过程分为部件装配和总装配，各个部件分别由几组工人同时进行，而总装配则由另一组工人完成。这种组织形式的特点是工作分散，允许有较多的工人同时进行装配，使用的专用工具较多，装配工人能得到合理分工，实现专业化，技术水平和熟练程度容易提高，装配周期可缩短，并能提高车间的生产率。

用按分散原则进行的固定式装配，当生产批量大时，装配过程可分成更细的装配工序，每个工序只需一个工人来完成。这时工人只完成一个工序的同样工作并可从一个装配台转移到另一个装配台。这种产品（或部件）固定在一个装配位置而工人流动的装配形式称为固定式流水装配，或称为固定装配台的装配流水线。在采用固定式流水装配方式装配产品时，装配台安排在一条线上，装配台的数目由装配工序数目来决定，装配时产品不动，装配所需的零件不断地被运送到各个装配台。固定装配台的装配流水线是固定式装配的高级形式。由于装配过程的各个工序都用了必要的工夹具，工人又实现了专业化工作，因此产品的装配时间和工人的劳动量都有所减少，生产率得以显著提高。

2. 移动式装配

移动式装配是指所装配的产品或部件，不断地从一个工作地点移到另一个作地点，在每一个工作地点上重复地进行着某一固定的工序，且在每一工作地点都配备有专用的设备和工夹具；根据装配顺序，不断地将所需要的零件及部件运送到相应的工作地点。这种装配方式称为装配流水线，如图 1 - 6 - 4 所示。根据产品移动方式不同，移动式装配又可为下列两种形式。

图 1 - 6 - 4 移动式装配

1）自由移动式装配

自由移动式装配的特点：装配过程中产品是用手推动（通过小车或辊道）或用传送带和起重机来移动的，产品每移动一个位置，即完成某一工序的装配工作。在拟定自由移动式装配工艺规程时，装配过程中的所有工序都按各个工作地点分开，并尽量使在各个工作地点所需的装配时间相等。

2）强制移动式装配

强制移动式装配的特点：装配过程中产品由传送带或小车强制移动，产品的装配直接在传送带或小车上进行。它是装配流水线的一种主要形式。强制移动式装配在生产中又有两种不同的形式：一种是连续运动的移动式装配，装配工作在产品移动过程中进行；另一种是周期运动的移动式装配，传送带按装配节拍的时间间隔定时移动。除上述两种装配组织形式外，对机器的装配，还有一种固定形式的分段装配法。这种装配方式的特点是：将机器连同管路附件、行走平台扶梯等，分成若干个分段，各分段同时进行分装配，然后再将装好的分段运送到总装试车台上进行总装配。这种装配方式的优点是：分段装配可平行进行，缩短了装配时间，可实现装配工作的专业化，避免长时间作业，提高总装试车台的周转率等。

（四）装配时必须考虑的因素

将机械零部件按设计要求进行装配时，必须考虑以下一些因素，以保证制定合理的装配工艺。

（1）尺寸。

零部件有大件与小件之分，小件在装配时可以很省力、方便地安装，而大件在装配时则需要使用专用的起吊设备。

（2）运动。

在安装中，我们会遇到以下两种情况：一是所有零件或几乎所有零件都是静止的；二是有不少零件都是运动的。

（3）精度。

有的安装需要高精度，而有些安装则对精度的要求不是很严格。

（4）可操作性。

有些零部件需要安装在很难装配的地方，而有的零部件则容易安装。

（5）零部件的数量。

有些产品是由几个零件组成的，而有些产品则是由大量的零件组成的。

（五）装配的一般原则

为了提高装配质量，必须注意下列几个方面：

（1）仔细阅读装配图和装配说明书，并明确其装配技术要求。

（2）熟悉各零部件在产品中的功能。

（3）如果没有装配说明书，则在装配前应当考虑好装配的顺序。

（4）装配的零部件和装配工具都必须在装配前进行认真的清洗。

（5）必须采取适当的措施，防止脏物或异物进入正在装配的产品内。

（6）装配时必须使用符合要求的紧固件进行紧固。

（7）拧紧螺栓、螺钉等紧固件时，必须根据产品装配要求使用合适的装配工具。

（8）如果零件要安装在规定的位置上，则必须在零件上做记号，且安装时必须根据标记进行装配。

（9）装配过程中，应当及时进行检查或测量，其内容包括：位置是否正确，间隙是否符合规定中的要求，跳动是否符合规定中的要求，尺寸是否符合设计要求，产品的功能是否符合设计人员和客户的要求等。

（六）装配的工艺过程

1. 准备工作

准备工作应当在正式装配之前完成。准备工作包括资料的阅读和装配工具与设备的准备等。充分的准备可以避免装配时出错，缩短装配时间，有利于提高装配的质量和效率。产品装配前后的示意图如图1-6-5所示。

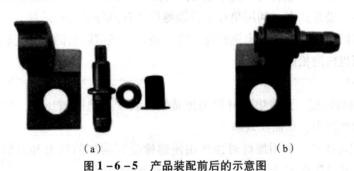

（a）　　　　　　　　　　　　　　　（b）

图1-6-5　产品装配前后的示意图

（a）装配前；（b）装配后

准备工作包括下列几个步骤：

（1）熟悉产品装配图、工艺文件和技术要求。了解产品的结构、零件的作用以及相互连接关系。

（2）检查装配用的资料与零件是否齐全。

（3）确定准确的装配方法和顺序。

（4）准备装配所需要的工具与设备；整理装配的工作场地，对装配的零件、工具进行清洗，去掉零件上的毛刺、铁锈、切屑、油污，归类并放置好装配用零部件，调整好装配平台基准。

（5）采取安全措施。

2. 螺纹连接

螺纹连接是一种可拆的固定连接，它具有结构简单、连接可靠、装拆方便等优点，在机械中应用广泛，如图1-6-6所示。螺纹连接分普通螺纹连接和特殊螺纹连接两大类，由螺栓、双头螺柱或螺钉构成的连接称为普通螺纹连接，除此之外的螺纹连接称为特殊螺纹连接。

螺钉连接多用于受结构限制而不能用螺栓的场合。螺钉连接不用螺母，且有光整的外露表面，但不宜用于时常装拆

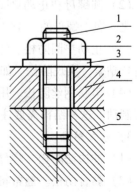

图1-6-6　螺纹连接

的场合，以免损坏被连接件的螺纹孔。用紧定螺钉连接时，紧定螺钉旋入被连接件之一的螺纹孔中，其末端顶住另一被连接件，以固定两个零件的相互位置，并可传递不大的力或扭矩。在绝大多数情况下，螺纹连接都是可拆的。

螺纹连接的特点：

（1）螺纹拧紧时能产生很大的轴向力。

（2）能方便地实现自锁。

（3）外形尺寸小。

（4）制造简单，能保持较高的精度。

3. 螺纹连接的防松装置

防松的目的是能更有效地长期工作。常用的防松方法有三种：摩擦防松、机械防松和永久防松。机械防松和摩擦防松称为可拆卸防松，而永久防松称为不可拆卸防松。常见的永久防松方法有点焊、铆接、黏合等。这种方法在拆卸时大多要破坏螺纹紧固件，无法重复使用。常见的摩擦防松方式有：利用垫片、自锁螺母及双螺母等进行防松。常见的机械防松方法有：利用开口销、止动垫片及串钢丝绳等进行防松。机械防松的方法比较可靠，故对于重要的连接应使用机械防松的方法。

1）摩擦防松

（1）弹簧垫圈防松。弹簧垫圈材料为弹簧钢，装配后垫圈被压平，其反弹力能使螺纹间保持压紧力和摩擦力，从而实现防松。

（2）对顶螺母防松。利用螺母对顶作用使螺栓受到附加的拉力和附加的摩擦力。由于多用一个螺母，并且工作不是十分可靠，目前已经很少采用。

（3）自锁螺母防松。螺母一端制成非圆形收口或开缝后的径向收口，当螺母拧紧后，收口胀开，利用收口的弹力使旋合螺纹间压紧。这种防松结构简单，防松可靠，可多次拆装而不降低防松性能。

（4）弹性圈螺母防松。螺纹旋入处嵌入纤维或尼龙来增加摩擦力。该弹性圈还可起到防止液体泄漏的作用。

2）机械防松

（1）槽形螺母和开口销防松。槽形螺母拧紧后，用开口销穿过螺栓尾部小孔和螺母的槽。

（2）圆螺母和止动垫圈防松。使垫圈内舌嵌入螺栓（轴）的槽内，拧紧螺母后将垫圈外舌之一嵌于螺母的一个槽内。

（3）止动垫圈防松。螺母拧紧后，将单耳或双耳止动垫圈分别向螺母和被连接件的侧面折弯贴紧，实现防松。如果两个螺栓需要双联锁紧，则可采用双联止动垫圈。

（4）串联钢丝防松。用低碳钢钢丝穿入各螺钉头部的孔内，将各螺钉串联起来，使其相互制动。这种结构需要注意钢丝穿入的方向。

3）永久防松

（1）冲边法防松。螺母拧紧后在螺纹末端冲点破坏螺纹。

（2）黏合防松。通常将厌氧胶黏结剂涂于螺纹旋合表面，拧紧螺母后黏结剂能够自行固化，防松效果良好。

4. 销钉装配

销钉在机械部件的连接中有举足轻重的作用。销钉按形状和作用的不同，可以分为开口销、圆锥销、圆柱销、槽销等。圆柱销可以同时起到定位、固定作用（本身带有比较精准的圆柱面和螺纹），但是定位精度不如定位销，用于需要定位但精度要求不高的场合。

销钉的作用是定位，其可以做到比较精确的定位，通常成对使用。其可方便设备的装配、维修和拆卸，以便找到原来的准确位置，所以又称定位销或定位销钉。销孔加工必须是在螺纹连接工件安装到位，且调整、调试机械功能实现的前提下，采用配钻、配铰的方式来保证销钉的定位精度。

知识七　检 测 工 具

一、螺纹量规

普通螺纹是多参数要素，有两类检测方法：综合检验和单项检验。综合检验就是用量规对影响螺纹互换性的几何参数偏差的综合结果进行检验，其中包括：使用普通螺纹量规和止规分别对被测螺纹的作用中径（含底径）和单一中径进行检验；使用光滑极限量规对被测螺纹的实际顶径进行检验。根据螺纹分类，螺纹量规有外螺纹量规和内螺纹量规两种，内螺纹量规又称为螺纹塞规，如图 1 - 7 - 1 所示。

图 1 - 7 - 1　螺纹塞规

检验方法：如果被测螺纹能够与螺纹通规旋合通过，且与螺纹止规不完全旋合通过（螺纹止规只允许与被测螺纹两段旋合，旋合量不得超过两个螺距），就表明被测螺纹的作用中径没有超过其最大实体牙型的中径，且单一中径没有超出其最小实体牙型的中径，那么就可以保证旋合性和连接强度，则被测螺纹中径合格。若通规端不能旋进或螺纹止规端完全旋入，则被测螺纹不合格。

检测时用拇指和食指轻轻夹持螺纹塞规，以刚好能转动螺纹塞规的力度为准。使用螺纹塞规时，以五指持握，且均匀分布在螺纹塞规上，掌心悬空，以五指力旋转螺纹塞规。若通规能自由通过螺纹、止规能旋入不超过 2.5 圈的有效牙纹（即：一般止规外面有一道凹槽，螺纹旋入不超过此凹槽），则可判为合格，如图 1 - 7 - 2 所示。

螺纹量规一般用于对螺纹等级要求比较高的地方。其是有一定精度要求的，用力过大会使量规磨损，而量规磨损就会失去其应有的精度。量规一旦失去精度就会报废，不能再使用，如果继续使用，则不能判断产品的合格性。所以使用时一定要注意：量规转动力度要轻，遇到阻碍不得加力通过。

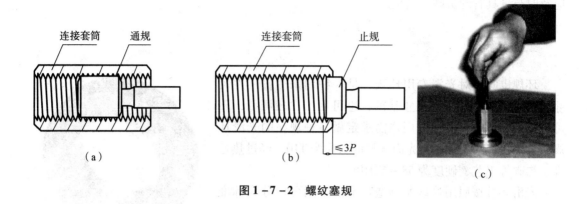

连接套筒　通规

（a）

连接套筒　止规

（b） ≤3P

（c）

图 1 - 7 - 2　螺纹塞规

二、光滑塞规

　　光滑塞规是一种用来测量工件内尺寸的精密量具，光滑塞规通常做成最大极限尺寸和最小极限尺寸两种。它的最小极限尺寸一端叫作通端，最大极限尺寸一端叫作止端，在测量中通端塞规应通过小径，且止端塞规不应通过小径。光滑塞规的规格：$\phi 3 \sim \phi 500$ mm，特殊型号可以定做，如图 1 - 7 - 3 所示。

（a）　　　　　　　　　　　　（b）

图 1 - 7 - 3　光滑塞规

光滑塞规的使用方法：

（1）使用前先检查光滑塞规是否在检定有效期内，有无损坏、生锈现象。

（2）将光滑塞规测量面和工件表面擦净，以免影响测量的准确度及加快磨损。

（3）光滑塞规通端应能顺利通过工件，光滑塞规的止端应不能通过工件。

（4）通端不过，内径小了，产品不合格；止端通过，内径大了，产品不合格。

（5）塞规测量的标准条件：温度为 20 ℃，测力为 0。在实际使用中很难达到这一条件要求。为了减少测量误差，尽量将塞规与被测件在等温条件下进行测量，使用的力要尽量小，不允许把塞规用力往孔里推或一边旋转一边往里推。

（6）测量时，塞规应顺着孔的轴线插入或拔出，不能倾斜；塞规塞入孔内后，不许转动或摇晃塞规。

（7）光滑塞规用完后，应及时擦净、涂油，并放在专用盒中，以防止生锈。

（8）操作者在使用量具的过程中，必须轻拿轻放，不可掉在地上，不允许磕碰，且不允许用塞规检测不清洁的工件。

（9）光滑塞规检定周期一般以检定计划为依据，对于塞规超出有效期或损坏的情况，应及时与量具管理员联系送检。

三、环规

环规也叫校对光滑专用环规，是一种用来测量工件尺寸的精密量具，可作为尺寸基准，也可用于比较测量，还可直接用于校验，可根据用户需求定做各种规格的光滑环规，如图 1-7-4 所示。光面环规的材质为 T10，经过热处理、渗碳等工艺，硬度为 58~62HRC。

光滑环规按照用途以及制造标准的不同可以分为标准环规、SK 标准环规、德国标准环规、管用环规等；光滑环规按照制造材料的不同可分为陶瓷环规以及金属环规。环规不独立使用，一般是配合量具一起使用。

图 1-7-4 环规

使用环规时只能用手力推入，不允许敲击、强制加压或用其他辅助工具，否则不仅会造成误检，而且还会损坏环规。使用时还可在环规涂一层很薄的、易流动的油层，以减小摩擦阻力。

环规一定要保持清洁，特别要防止工件上附有微细铁末等污物，否则不但会带来检验误差，还将引起严重磨损，损伤环规；环规最忌磕碰，使用时要特别小心，用完后应立即洗净擦干，涂一薄层防锈油，单个地放在专用的盒子内；应避免长时间不间断地用手握持量规，以避免手温的影响。

环规在使用前，应该和被检工件放在一起，使两者温度均衡，绝不可用环规检验刚加工完的、温度较高的工件。对新制成的环规，要进行合格与否的校定；对使用中的环规，也要定期进行检定，检定周期视环规使用的频繁程度和磨损的快慢而定。

四、千分尺

螺旋测微器，又称千分尺、螺旋测微仪、分厘卡，是比游标卡尺更精密的测量长度的工具，用它测量长度可以精确到 0.01mm，测量范围为几厘米，如图 1-7-5 所示。它的一部分加工成螺距为 0.5mm 的螺纹，当它在固定套筒的螺套中转动时，将前进或后退；活动套筒和螺杆连成一体，其周边等分成 50 个分格。螺杆转动的整圈数由固定套筒上间隔 0.5mm 的刻线测量，不足一圈的部分由活动套筒周边的刻线测量，最终测量结果需要估读一位小数。千分尺可分为机械式千分尺和电子千分尺两类。

图 1-7-5 千分尺

（一）机械式千分尺

机械式千分尺，如标准外径千分尺，简称千分尺，是利用精密螺纹副原理测量长度的手携式通用测量工具。千分尺的种类很多，改变千分尺测量面形状和尺架等就可以制成不同用途的千分尺，如用于测量内径、螺纹中径、齿轮公法线或深度等的千分尺，如图 1 - 7 - 6 所示。

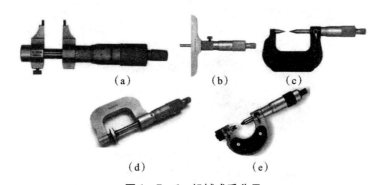

（a）　　　　　　　　（b）　　　　　　　　（c）

（d）　　　　　　　　（e）

图 1 - 7 - 6　机械式千分尺

（a）内径千分尺；（b）深度千分尺；（c）尖头千分尺；

（d）公法线千分尺；（e）螺纹千分尺

（二）电子千分尺

电子千分尺如数显外径千分尺，也叫数显千分尺，在其测量系统中应用了光栅测量技术和集成电路等。电子千分尺是 20 世纪 70 年代中期出现的，用于测量外径。改变电子千分尺测量面形状和尺架等就可以制成不同用途的电子千分尺，如用于测量内径、螺纹中径、齿轮公法线或深度等的电子千分尺，如图 1 - 7 - 7 所示。

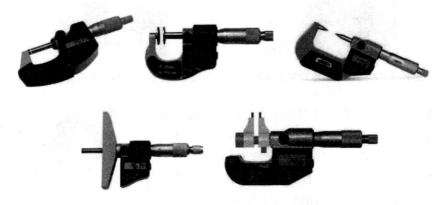

图 1 - 7 - 7　电子千分尺

（三）外径千分尺

1. 外径千分尺的构造

千分尺是由固定的尺架、测砧、测微螺杆、固定套筒、微分筒、测力装置、锁紧装置等

组成的，如图 1 - 7 - 8 所示。固定套筒上有一条水平线，这条线上、下各有一列间距为
1 mm 的刻度线，上面的刻度线恰好在下面两相邻刻度线中间。微分筒上的刻度线是将圆周
分为 50 等分的水平线，它是旋转运动的。根据螺旋运动原理，当微分筒（又称可动刻度
筒）旋转一周时，测微螺杆前进或后退一个螺距（0.5 mm）。这样，当微分筒旋转一个分度
后，它转过了 1/50 周，这时螺杆沿轴线移动了 （1/500） ×5 mm = 0.01 mm，因此，使用千
分尺可以准确读出 0.01 mm 的数值。

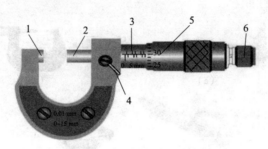

图 1 - 7 - 8 外径千分尺的构造

1—测砧；2—测微螺杆；3—固定套筒；4—锁紧装置；5—微分筒；6—棘轮

2. 外径千分尺的零位校准

（1）使用千分尺时先要检查其零位是否校准，因此先松开锁紧装置，清除油污，特别
是测砧与测微螺杆间接触面要清洗干净，如图 1 - 7 - 9 所示。

（2）检查微分筒的端面是否与固定套筒上的零刻度线重合，若不重合应先旋转旋钮，
直至螺杆要接近测砧时再旋转测力装置，当螺杆刚好与测砧接触时会听到"咔咔"声，这
时停止转动，如图 1 - 7 - 10 所示。

图 1 - 7 - 9 用白纸擦拭测量面

图 1 - 7 - 10 检测零位

（3）如两零线仍不重合（两零线重合的标志是：微分
筒的端面与固定刻度的零线重合，且可动刻度的零线与固
定刻度的水平横线重合），可将固定套筒上的小螺钉松动，
用专用扳手调节套筒的位置，使两零线对齐，再把小螺钉
拧紧。不同厂家生产的千分尺的调零方法不一样，这里仅
是其中的一种，如图 1 - 7 - 11 所示。

图 1 - 7 - 11 用扳手调整零位

3. 测量方法

第一步：千分尺使用时应轻拿轻放，被测物体需擦拭干净。

第二步：松开千分尺锁紧装置，校准零位，转动旋钮，使测砧与测微螺杆之间的距离略
大于被测物体。

第三步：一只手拿住千分尺的尺架，将待测物置于测砧与测微螺杆的端面之间，另一只手转动微分筒。当测量杆要接近物体时改旋棘轮，当测杆和被测物相接后的压力达到某一数值，棘轮将滑动并有"咔咔"的响声后再轻轻转动0.5~1圈。

第四步：旋紧锁紧装置（预防移动千分尺时螺杆转动），即可读数。

4. 读数的方法

（1）读出微分筒边缘在固定套筒主尺的毫米数和半毫米数。

（2）看微分筒上哪一格与固定套筒上基准线对齐，并读出不足半毫米的数。

（3）把两个读数加起来就是测得的实际尺寸。

如图1-7-12所示的示例。

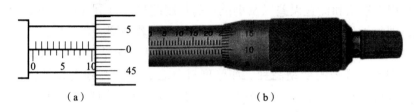

（a） （b）

图1-7-12 读数举例

（a）10.50mm；（b）24.61mm

5. 操作方式

外径千分尺的操作方式会影响到测量精度与准确度，图1-7-13所示为其操作方式的注意事项。

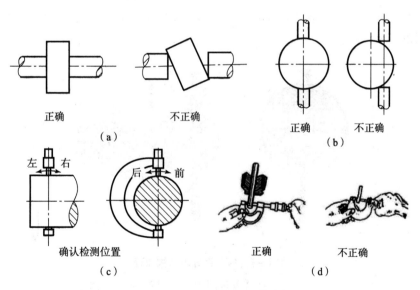

图1-7-13 操作方式注意事项

（a）测量平面；（b）测量外径；（c）确认检测位置；（d）检测方法

6. 注意事项

（1）检查零位线是否准确；

（2）测量时需把工件被测量面擦干净；

（3）初测时先用卡尺确认测量尺寸；

（4）测量前将测微螺杆和砧座擦干净；

（5）拧活动套筒时需用棘轮装置；

（6）不要拧松后盖，以免使零位线改变；

（7）不要在固定套筒和活动套筒间加入普通机油；

（8）用后擦净上油，放入专用盒内，置于干燥处。

五、百分表

百分表常用于形状和位置误差以及小位移的长度测量。百分表的圆表盘上印制有100个等分刻度，即每一分度值相当于量杆移动0.01 mm。若在圆表盘上印制有1 000个等分刻度，则每一分度值为0.001 mm，这种测量工具即称为千分表。改变测头形状并配以相应的支架，可制成百分表的变型品种，如厚度百分表、深度百分表和内径百分表等。如用杠杆代替齿条可制成杠杆百分表和杠杆千分表，其示值范围较小，但灵敏度较高。此外，它们的测头可在一定角度内转动，能适应不同方向的测量，结构紧凑，其适用于普通百分表难以测量的外圆、小孔和沟槽等的形状和位置误差的测量。

百分表是一种精度较高的量具，它既能测出相对数值，也能测出绝对数值，主要用于测量形状和位置误差，也可用于机床上安装工件时的精密找正。百分表的读数精度为0.01 mm，其结构原理如图1-7-14所示。当测量杆1向上或向下移动1 mm时，通过齿轮传动系统带动大指针5转一圈，小指针7转一格。刻度盘在圆周上有100个等分格，各格的读数值为0.01 mm。测量时指针读数的变动量即为尺寸变化量。刻度盘可以转动，以便测量时大指针对准零刻度线。

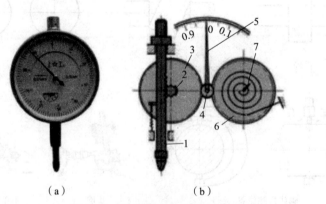

（a） （b）

图1-7-14 百分表结构原理

（a）百分表；（b）传动原理

1—测量杆；2，3，4，6—齿轮；5—大指针；7—小指针

百分表的读数方法：先读小指针转过的刻度线（即毫米整数），再读大指针转过的刻度线并估读一位（即小数部分），并乘以0.01，然后两者相加，即得到所测量的数值。

1. 百分表主要应用

使用时，必须把百分表固定在可靠的夹持架上。

2. 百分表的主要应用测量图

百分表的一个非常重要的应用就是测量形状和位置误差等，如圆度、圆跳动、平面度、平行度和直线度等，测量示意图如图 1 - 7 - 15 所示。

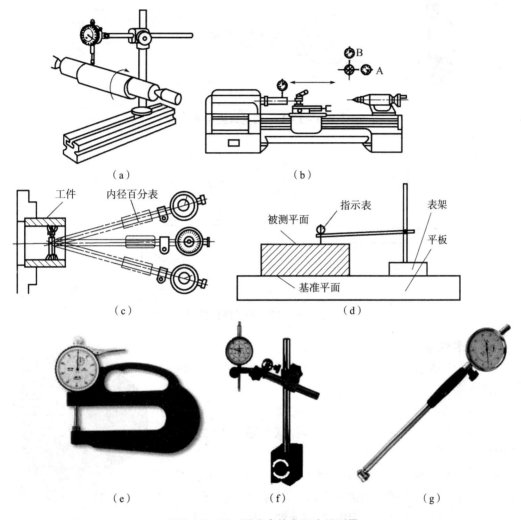

图 1 - 7 - 15　百分表的主要应用测量

3. 百分表使用注意事项

（1）使用前，应检查测量杆活动的灵活性，即轻轻推动测量杆时，测量杆在套筒内的移动要灵活，没有任何轧卡现象，每次手松开后，指针能回到原来的刻度位置。

（2）使用时，必须把百分表固定在可靠的夹持架上，切不可贪图省事，随便夹在不稳固的地方，否则容易造成测量结果不准确，或摔坏百分表，如图 1 - 7 - 16 所示。

（3）测量时，不要使测量杆的行程超过它的测量范围，不要使表头突然撞到工件上，也不要用百分表测量表面粗糙或有显著凹凸不平的工件。

（4）测量平面时，百分表的测量杆要与平面垂直；测量圆柱形工件时，测量杆要与工件的中心线垂直。否则，将使测量杆活动不灵或测量结果不准确，如图 1 - 7 - 17 所示。

（5）为方便读数，在测量前一般都让大指针指到刻度盘的零位，如图 1 - 7 - 18 所示。

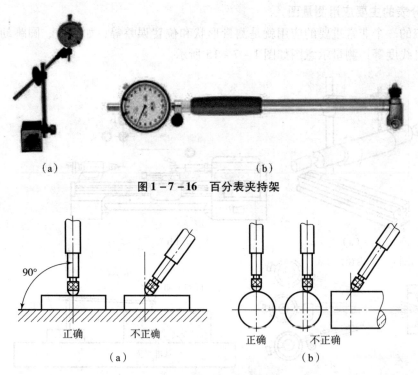

（a）　　　　　　　　　　　　　　（b）

图 1 – 7 – 16　百分表夹持架

正确　　　　不正确　　　　　　正确　　　不正确

（a）　　　　　　　　　　　　（b）

图 1 – 7 – 17　测量杆位置

4. 百分表保养

（1）百分表是比较精密的测量工具，要轻拿轻放，不得碰撞或跌落地下。

（2）应定期校验百分表精准度和灵敏度。

（3）百分表使用完毕后，应用棉纱擦拭干净，并放入卡尺盒内盖好。

（4）要严格避免水、油和灰尘渗入表内，测量杆上也不要加油，以免粘有灰尘的油污进入表内，影响表的灵敏性。

（5）百分表和千分表不使用时，应使测量杆处于自然形态，以免使表内的弹簧失效。

图 1 – 7 – 18　转动表盘调零

5. 内径百分表

内径百分表用于测量圆柱孔，它附有成套的可调测量头，使用前必须先进行组合和校对零位，如图 1 – 7 – 19 所示。测量范围（mm）：18 ~ 35，35 ~ 50，50 ~ 160，100 ~ 160，160 ~ 250，250 ~ 450；分度值：0.01 mm。

组合时，将百分表装入连杆内，使小指针指在 0 ~ 1 的位置上，长针和连杆轴线重合，刻度盘上的字应垂直向下，以便于测量时观察，装好后应予紧固。粗加工时，最好先用游标卡尺或内卡钳测量。因内径百分表同其他精密量具一样属于贵重仪器，其好坏及精确与否将直接影响到工件的加工精度和使用寿命。粗加工时工件加工表面粗糙不平且测量不准确，会使测头易磨损。因此，须加以爱护和保养，待精加工时再进行测量。测量前应根据被测孔径大小，将外径百分尺调整好尺寸后才能使用。在调整尺寸时，正确选用可换测头的长度及其伸出距离，并使被测尺寸在活动测头总移动量的中间位置。用已知尺寸的环规或平行平面（千分尺）调整零位，以孔轴向的最小尺寸或平面间任意方向内均最小的尺寸对零位，然后反复测量同一位置 2~3 次后检查指针是否仍与零刻度线对齐，如不齐则重调，如图 1-7-20 所示。

测量时，连杆中心线应与工件中心线平行，不得歪斜，同时应在圆周上多测几个点，找出孔径的实际尺寸，看是否在公差范围以内，如图 1-7-21 所示。

6. 测量方法

（1）把百分表插入量表直管轴孔中，压缩百分表一圈，紧固。

（2）选取并安装可换测头，紧固。

（3）测量时手握隔热装置。

（4）根据被测尺寸调整零位。

图 1-7-19 内径百分表

用已知尺寸的环规或平行平面（千分尺）调整零位，以孔轴向的最小尺寸或平面间任意方向内均最小的尺寸对零位，然后反复测量同一位置 2~3 次后检查指针是否仍与零刻度线对齐，如不齐则重调。为读数方便，可用整数来定零位位置。

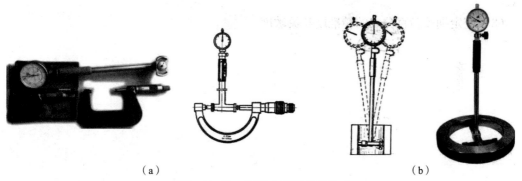

（a） （b）

图 1-7-20 调整内径百分表尺寸

（a）用外径百分尺调整尺寸；（b）用环规调整尺寸

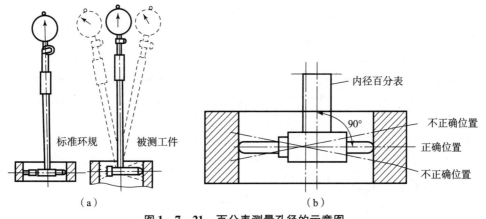

（a） （b）

图 1-7-21 百分表测量孔径的示意图

（5）测量时，摆动内径百分表，找到轴向平面的最小尺寸（转折点）来读数。

（6）测杆、测头、百分表等应配套使用，不要与其他表混用。

7. 注意事项

（1）使用前，应先检查该百分表是否在受控范围，并检查测量杆活动的灵活性，即轻轻推动测量杆时，测量杆在套筒内的移动要灵活，没有任何轧卡现象，每次手松开后，指针能回到原来的刻度位置。

（2）测量时，不要使测量杆的行程超过它的测量范围，不要使表头突然撞到工件上，也不要用百分表测量表面粗糙或有显著凹凸不平的工件。

（3）测量平面时，百分表的测量杆要与平面垂直，测量圆柱形工件时，测量杆要与工件的中心线垂直，否则将使测量杆活动不灵或测量结果不准确。

（4）为方便读数，在测量前一般都将大指针指调整到刻度盘的零位。用手轻轻地提测量杆的圆头，拉起和松回几次，看指针所指的零位有无改动。

（5）内径百分表是比较精密的测量工具，要轻拿轻放，不得碰撞或跌落地下。使用完毕，用棉纱擦拭干净，并放入百分表盒内盖好。

（6）要严格避免水、油和灰尘渗入表内，测量杆上也不要加油，以免粘有灰尘的油污进入表内，影响表的灵敏性。

（7）内径百分表不用时，百分表应拆下，使测量杆处于自然形态，以免使表内的弹簧失效。

（8）应定期校验百分表的精准度和灵敏度。

第二篇
项目工作页

平口钳任务导图、装配零件爆炸图、装配图分别如图 2 - 0 - 1 ~ 图 2 - 0 - 3 所示。

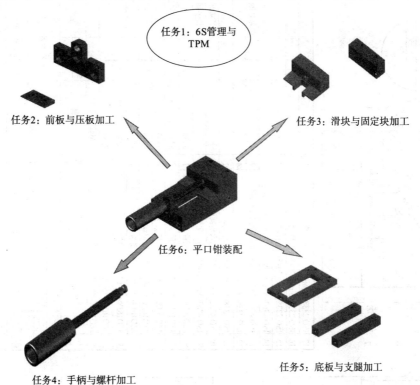

图 2 - 0 - 1 平口钳任务导图

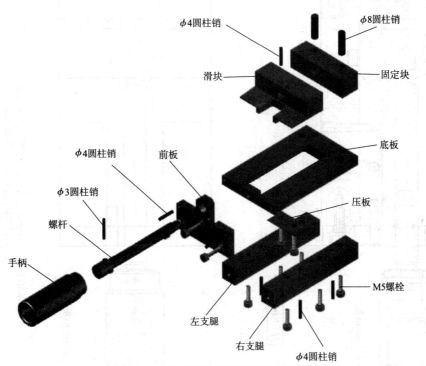

图 2 - 0 - 2 平口钳装配零件爆炸图

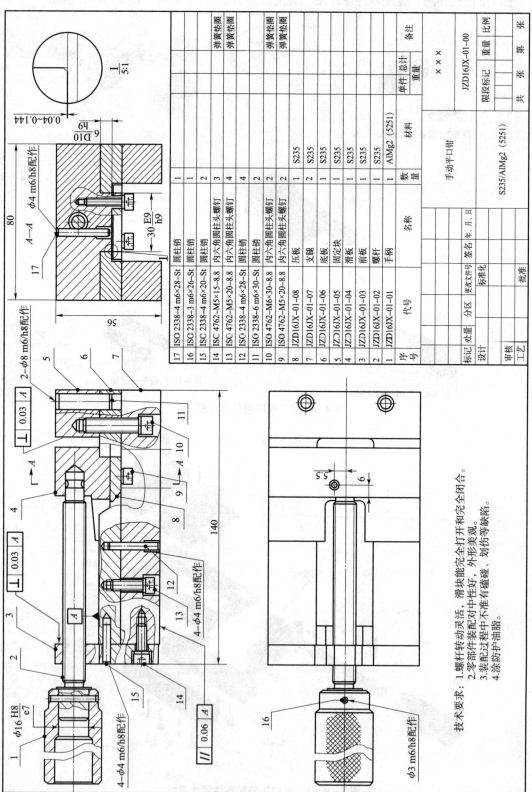

序号	代号	名称	数量	材料	备注
17	ISO 2338-4 m6×28-St	圆柱销	1		
16	ISO 2338-3 m6×26-St	圆柱销	1		
15	ISC 2338-4 m6×20-St	圆柱销	2		
14	ISC 4762-M5×15-8.8	内六角圆柱头螺钉	3		
13	ISC 4762-M5×20-8.8	内六角圆柱头螺钉	4		
12	ISO 2338-4 m6×28-St	圆柱销	4		
11	ISO 2338-6 m6×30-St	圆柱销	2		
10	ISO 4762-M6×30-8.8	内六角圆柱头螺钉	2		弹簧垫圈
9	ISO 4762-M5×20-8.8	内六角圆柱头螺钉	2		弹簧垫圈
8	JZD16JX-01-08	压板	1	S235	
7	JZD16JX-01-07	支腿	2	S235	
6	JZD16JX-01-06	底板	1	S235	
5	JZD16JX-01-05	固定块	1	S235	
4	JZD16JX-01-04	滑板	1	S235	
3	JZD16JX-01-03	前板	1	S235	弹簧垫圈
2	JZD16JX-01-02	螺杆	1	S235	弹簧垫圈
1	JZD16JX-01-01	手柄	1	AlMg2 (5251)	

手动平口钳

材料 S235/AlMg2 (5251)

单件 / 总计 重量 ×××

JZD16JX-01-00 重量 比例

限段标记 共 张 第 张

标记	处量	分区	更改件号	签名	年,月,日
设计			标准化		
审核			批准		
工艺					

图 2-0-3 平口钳装配图

技术要求:1.螺杆转动灵活,滑块能完全打开和完全闭合。
2.零部件装配对中性好,外形美观。
3.装配过程中不准有磕碰、划伤等缺陷。
4.涂防护油脂。

任务一　6S 与 TPM 管理

学习目标	知识目标	➢ 掌握6S的含义、思想 ➢ 掌握钳工中的6S管理方法 ➢ 掌握安全用品知识，熟悉安全标识
	能力目标	➢ 能保持工作区域卫生 ➢ 能正确使用个人安全用品 ➢ 能预防机械伤害事故的发生 ➢ 能够分析并实施6S管理的各个步骤 ➢ 能够提升6S管理能力 ➢ 能够识别几类安全标识

任务描述

根据钳工区域 6S 管理要求，完成钳工区域的 6S 管理，并完成以下相应的 6S 内涵、分析及持续改进计划实施表。

一、填写 6S 内涵

在图 2 - 1 - 1 中填写 6S 中英文名称并书写其定义。

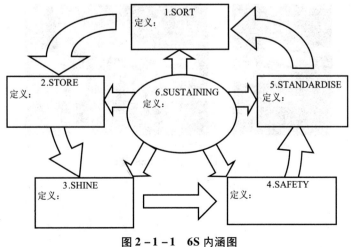

图 2 - 1 - 1　6S 内涵图

二、 6S 管理改进

1. 工具橱

通过整改前、后的图片对比，如图 2－1－2 所示，思考工具橱内物品 6S 管理应如何实施，并简述实施的意义。

（a）　　　　　　　　　　　　　　　　（b）

图 2－1－2　工具橱 6S 整改

（a）整改前；（b）整改后

2. 钳工台

通过如图 2－1－3 所示的钳工台 6S 整改效果，在钳工实训过程中我们应如何对自己的工作现场进行 6S 管理？坚持 6S 管理对个人有何好处？

（a）　　　　　　　　　　　　（b）

图 2－1－3　钳工台 6S 整改

（a）整改前；（b）整改后

三、　操作规范

找出如图 2 - 1 - 4 所示不规范的地方，并简述其可能造成哪些不好的结果。

（a）

（b）

（c）

（d）

图 2 - 1 - 4　操作不规范行为

四、　思考

当今社会人们都意识到 6S 的好处，各行各业也都在大力推行，如制造业、轻工业、医疗、餐饮、教育等，请简述机械制造企业推行 6S 管理有何意义。

五、 机械伤害事故预防常识阅读

钻床操作规程

（1）工作、钻头必须装夹牢固；

（2）选取合适的切削参数；

（3）调速和测量前，必须停车；

（4）钻削时禁止用手直接接触钻头、工件及清理铁屑；

（5）禁止随意打开钻床配电箱

车床操作规程

（1）工件、车刀必须装夹牢固；

（2）卡盘扳手、上刀扳手必须及时取下；

（3）选取合适的切削参数；

（4）调速和测量前，必须停车；

（5）车削时禁止用手直接接触车刀、工件及清理铁屑；

（6）禁止随意打开车床配电箱

铣床操作规程

（1）工件、垫块、铣刀必须装夹牢固；

（2）铣床摇柄必须及时取下；

（3）选取合适的切削参数；

（4）调速和测量前，必须停车；

（5）铣削时禁止用手直接接触铣刀、工件及清理铁屑；

（6）禁止随意打开铣床配电箱

磨床操作规程

（1）工件必须装夹、吸合牢固；

（2）选取合适的切削参数；

（3）调速和测量前，必须停车；

（4）磨削时禁止用手直接接触工件、砂轮及清理铁屑；

（5）禁止随意打开磨床配电箱

其他操作规程

砂轮机：

（1）禁止戴手套操作；

（2）禁止两人同时使用一块砂轮。

折弯机：

（1）特别注意手部防护；

（2）两人配合操作时注意动作、口令一致。

剪板机：

（1）特别注意手部防护；

（2）两人配合操作时注意动作、口令一致。

配电柜：

（1）学生禁止操作配电柜；

（2）配电柜柜门随时保持闭合状态；

（3）电气设备检修时应断开总电源，并在柜门粘贴检修标识。

电气动：

（1）禁止带电检修；

（2）移除气管前必须先关闭气源开关。

六、 6S 实施

由实训小组指定成员，于每天清扫结束时，轮流针对本小组内的相关整理工作进行检查，针对发现的问题组织一次持续改进分析讨论会，6S 管理抽查表如表 2 - 1 - 1 所示。

注：任务中的 6S 管理成绩依据此表评定。

表 2 - 1 - 1　6S 管理抽查表

项　目＼日　期								评分
防护用品								
工具摆放								
量具摆放								
机床维护								
卫生清理								
工具橱管理								
考勤记录								
注： (1) 随机抽查，有违规现象，每次扣 10 分。 (2) 评分标准 10 或 0 分。 (3) 总分数除以系数 7 等于成绩							总分	
							成绩	

七、 评价

任务分值计算（该项于实训项目实施全部过程中考核）见表 2 - 1 - 2。

表 2 - 1 - 2　任务分值计算

操作检查	最终总得分 ×0.6	
理论成绩	最终总得分 ×0.4	
任务最终成绩		

任务二　前板、压板加工

学习目标	知识目标	➢ 掌握锉刀的使用方法 ➢ 掌握锯条的选用和安装方法 ➢ 掌握基本的测量知识，合理选择和使用量具 ➢ 掌握基本的钻孔知识 ➢ 会对锉刀、锯条以及测量工具进行 6S 管理
	能力目标	➢ 能够锉削平面并保证加工精度 ➢ 能够对各种材料进行正确的锯削，并达到一定的锯削精度 ➢ 能够解决锯削过程中的锯缝歪斜现象，有效防止锯条折断 ➢ 能正确使用量具 ➢ 能够掌握基本的钻孔技术

任务描述

（1）解析图纸，填写工艺过程卡。

（2）根据零件图要求，利用手动加工技能加工前板和压板，并在实训期间通过查阅相关资料填写理论知识问答。

（3）对所加工产品进行质量检测与评价。

一、任务图纸与工艺

前板、压板的三维示意图如图 2-2-1 所示，前板、压板的工程图如图 2-2-2 和图 2-2-3 所示，前板的工艺卡见表 2-2-1。

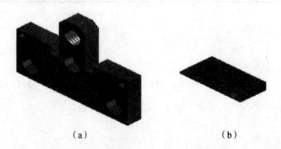

(a)　　　　　　　　(b)

图 2-2-1　前板、压板的三维示意图

(a) 前板；(b) 压板

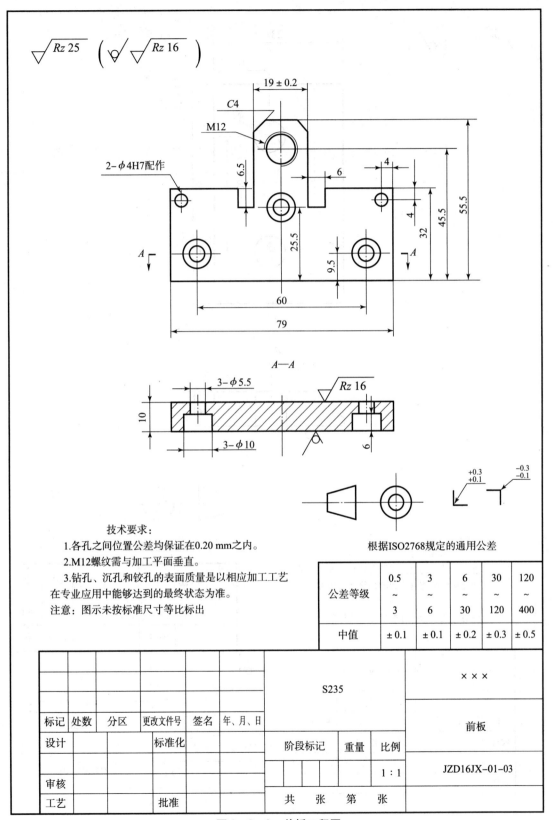

技术要求：
1.各孔之间位置公差均保证在0.20 mm之内。
2.M12螺纹需与加工平面垂直。
3.钻孔、沉孔和铰孔的表面质量是以相应加工工艺在专业应用中能够达到的最终状态为准。
注意：图示未按标准尺寸等比标出

根据ISO2768规定的通用公差

公差等级	0.5 ~ 3	3 ~ 6	6 ~ 30	30 ~ 120	120 ~ 400
中值	± 0.1	± 0.1	± 0.2	± 0.3	± 0.5

标记	处数	分区	更改文件号	签名	年、月、日		S235			×××	
设计			标准化							前板	
						阶段标记		重量	比例		
审核									1：1	JZD16JX-01-03	
工艺			批准			共　　张		第　　张			

图2-2-2　前板工程图

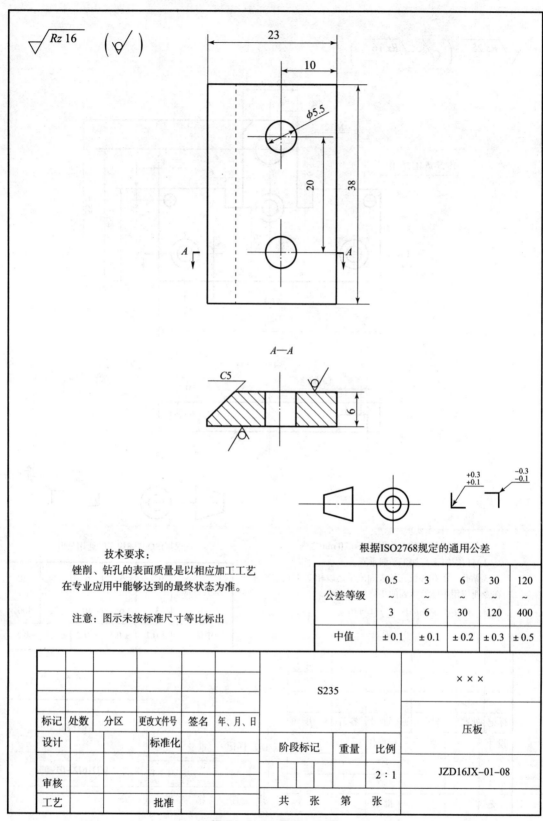

技术要求：
锉削、钻孔的表面质量是以相应加工工艺在专业应用中能够达到的最终状态为准。

注意：图示未按标准尺寸等比标出

根据ISO2768规定的通用公差

公差等级	0.5 ~ 3	3 ~ 6	6 ~ 30	30 ~ 120	120 ~ 400
中值	± 0.1	± 0.1	± 0.2	± 0.3	± 0.5

标记	处数	分区	更改文件号	签名	年、月、日				×××
设计			标准化				S235		
									压板
审核						阶段标记	重量	比例	
								2：1	JZD16JX-01-08
工艺			批准			共 张 第 张			

图2-2-3 压板工程图

表2-2-1 前板工艺卡

机械加工工艺过程卡		产品名称	平口钳	产品型号		零件名称	前板	零件图号	JZD16JX-01-03	第1页	
										共1页	
材料牌号	S235	材料规格		毛坯种类		毛坯规格		每件毛坯重量	每件零件重量	过程工时定额/h	
工序号	工序名称	工序内容	设备名称	工艺装备				过程工时定额/h	工序执行审验		备注
				夹具名称及编号	刀具名称及编号	量具名称及编号	工具名称及编号		检查	签名	
1	检查	检查毛坯	钳工台								
2	锉削基准	1. 将底边锉平，做标记	钳工台		锉刀	游标卡尺	手锤样冲				
		2. 将左边锉平，保证与底边垂直	钳工台		锉刀						
3	铣削底面	用铣床铣削10.00 mm厚度	铣床	台钳	铣刀	深度尺					
4	划线	以底边和左边为基准按图划线	划线平台			游标卡尺 钢板尺	划针				
5	打样冲	按所划线打样冲	钳工台				手锤样冲				
6	打孔	1. 打底孔	钻床	组合夹具	钻头 φ3						
		2. 扩孔，按图加工完成所有孔	钻床		钻头 φ3.7，φ5，φ5.5，φ6，φ10.3；锪刀10×5.5						
7	攻丝	攻丝 M12	摇臂钻	攻丝工具	机用丝锥 M12						
8	锉削	1. 将右边锉平至尺寸，保证与底边垂直	钳工台		锉刀						
		2. 去除多余的部分	钳工台				手锯				
		3. 锉尺寸32 mm，上边锉到尺寸	钳工台		锉刀	游标卡尺					
		4. 锉尺寸55.5 mm，上边锉到尺寸	钳工台		锉刀	游标卡尺					
		5. 锉尺寸19 mm，与中心线对称；锉凹槽6 mm×6.5 mm至尺寸	钳工台		锉刀	游标卡尺					
		6. 锉倒角C4，锉到尺寸	钳工台		锉刀	游标卡尺 刀口角尺					
9	检查	检测尺寸	钳工台								
班级	姓名	学号	编制	日期		评定		会签	日期		

二、学习巩固

（1）用锉刀进行切削加工，使工件达到所要求的 ＿＿＿＿＿ 、 ＿＿＿＿＿ 和 ＿＿＿＿＿ 的操作叫锉削。

（2）为什么检查完毛坯之后，要先锉削一边，并打标记呢？其基准选择原则是什么？

（3）刀口角尺在使用时应检查工作面和边缘是否有碰伤、毛刺等明显缺陷。擦净角尺的工作面和被测工件的表面，测量时，先将角尺的短边放在 ＿＿＿＿＿＿＿＿ 上，再将 90° 角尺的长边轻轻地靠拢被测工件表面，不要碰撞。通过透光法检查 90° 角尺与被测表面之间的间隙大小和出现间隙的部位。根据间隙的大小和出现间隙的部位判断被测部位的垂直度误差值。在观察时，一般有五种情况：无光、中间部位有少光、两端有少光、上端有光、下端有光。第一种情况说明被测面不仅 ＿＿＿＿＿＿＿ 符合要求，而且与基准面垂直；第二、三种情况说明垂直度符合要求，但 ＿＿＿＿＿＿＿ 达不到要求；后两种情况说明有垂直度误差。

（4）在钻孔加工中，很多情况需要先钻底孔，为什么？

（5）简述 M12 - 1 和 M12 的区别，并分别列出加工螺纹底孔的钻头直径。

（6）游标卡尺由 ＿＿＿＿＿＿＿ 和 ＿＿＿＿＿＿＿ （又称游标）组成。主尺与固定卡脚制成一体；副尺与活动卡脚制成一体，并能在主尺上滑动。游标卡尺有 ＿＿＿＿＿＿＿ 、 ＿＿＿＿＿＿＿ 、 ＿＿＿＿＿＿＿ 三种测量精度。

（7）简述游标卡尺的正确使用方法。

（8）工件尺寸测量结果如图 2 - 2 - 4 所示，请标注正确的读数值。

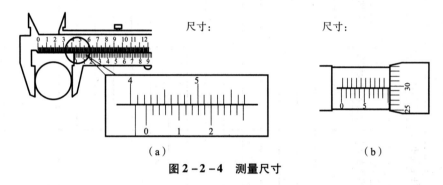

尺寸：　　　　　　　　尺寸：

（a）　　　　　　　　（b）

图 2 - 2 - 4　测量尺寸

（9）根据前板图纸标注尺寸，计算 ϕ5.5 mm 孔的未知孔间距（如图 2 - 2 - 5 所示计算斜线距离）。

图 2 - 2 - 5　计算图

（10）请参考前板加工工艺卡，自行编写压板加工工艺卡，见表 2 - 2 - 2。

表 2-2-2 压板工艺卡

机械加工工艺过程卡	产品名称 平口钳	产品型号	零件名称	零件图号	第1页
	每台件数 ×××				共1页

材料牌号	材料规格	毛坯种类	毛坯规格	每件毛坯重量	每件零件重量	过程工时定额/h	备注

工序号	工序名称	工序内容	设备名称	工艺装备				过程工时定额/h	工序执行审验	
				夹具名称及编号	刀具名称及编号	量具名称及编号	工具名称及编号		检查	签名

班级	姓名	学号	编制	日期	评定	会签	日期

三、检查与评价

检查与评价及分值计算见表 2 - 2 - 3 ~ 表 2 - 2 - 5。

表 2 - 2 - 3 操作检查与评价

操作检查			标准：采用 10 - 9 - 7 - 5 - 0 分制给分		
序号	零件名称	检查项目	学生自评	教师评分	备注
1	前板、压板	按照加工工艺顺序正确加工			
2	前板、压板	锉削面平直，无伤痕			
3	前板、压板	表面粗糙度符合专业要求			
4	前板、压板	实训过程符合 6S 规范			
5	前板、压板	安全操作			
			小计分		
	总分 =		小计分 ×2		

表 2 - 2 - 4 尺寸检查与评价

尺寸检查				标准：采用 10 或 0 分制给分				
序号	零件名称	检查项目	学生自评			教师测评		教师评价
			实际测量尺寸	达到要求		实际测量尺寸	达到要求	
				是	否		是	否	
1	前板	宽度 $32.00_{-0.200}^{0}$ mm							
2	前板	孔边距 25.50 ± 0.200 mm							
3	前板	孔间距 60.00 ± 0.300 mm							
4	压板	长度 38.00 ± 0.300 mm							
5	压板	孔间距 20.00 ± 0.200 mm							
						小计分		
					总分 =	小计总分		

注：尺寸检查成绩由加工质量分和判断分组成

表 2 - 2 - 5 任务分值计算

操作检查	最终总得分 ×0.2	
尺寸检查	最终总得分 ×0.6	
理论成绩	最终总得分 ×0.2	
任务最终成绩		

任务三　滑块与固定块加工

学习目标	知识目标	➤ 了解铣床、钻床的加工工艺范围 ➤ 掌握铣刀、钻头的选择计算方法以及安装方法 ➤ 掌握铣床、钻床的基本操作方法 ➤ 掌握量具的选择和操作方法 ➤ 掌握对现场环境的 6S 管理
	能力目标	➤ 熟悉铣床、钻床的结构组成 ➤ 能够根据已知条件选择切削速度与计算转速 ➤ 能够熟练地进行铣床、钻床的基本操作 ➤ 能够正确选用以及使用量具 ➤ 能够在现场有效地执行 6S 管理标准

任务描述

（1）解析图纸，分析工艺，学习铣床的操作技能；

（2）根据零件图要求，加工滑块和固定块，并在实训期间通过查阅相关资料填写理论知识问答及加工工艺卡；

（3）对所加工产品进行质量检查与评价。

一、任务图纸与工艺

　　滑块、固定块的三维示意图如图 2-3-1 所示，滑块、固定块的工程图如图 2-3-2 和图 2-3-3 所示，滑块、固定块的工艺卡见表 2-3-1 和表 2-3-2。

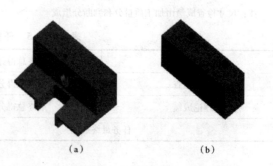

(a)　　　　　　　(b)

图 2-3-1　滑块、固定块的三维示意图

(a) 滑块；(b) 固定块

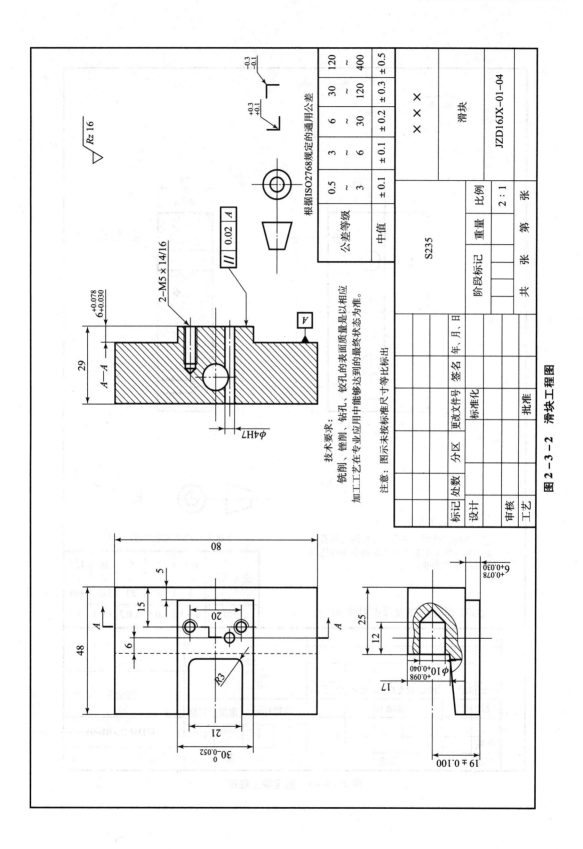

图 2 - 3 - 2 滑块工程图

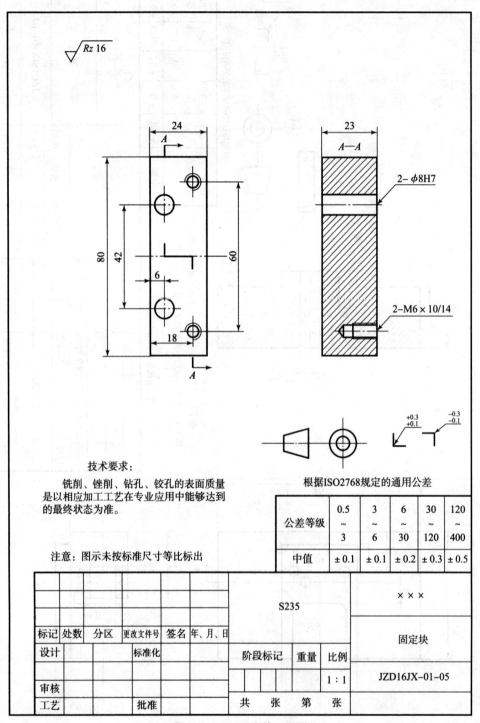

技术要求：

　　铣削、锉削、钻孔、铰孔的表面质量是以相应加工工艺在专业应用中能够达到的最终状态为准。

注意：图示未按标准尺寸等比标出

根据ISO2768规定的通用公差

公差等级	0.5 ~ 3	3 ~ 6	6 ~ 30	30 ~ 120	120 ~ 400
中值	± 0.1	± 0.1	± 0.2	± 0.3	± 0.5

标记	处数	分区	更改文件号	签名	年、月、日	S235		× × ×
设计			标准化					固定块
审核						阶段标记	重量	比例
工艺			批准			共　张　第　张		1 : 1　JZD16JX-01-05

图 2 - 3 - 3　固定块工程图

表2-3-1 滑块工艺卡

机械加工工艺过程卡		产品名称 平口钳	产品型号	零件名称 滑块	零件图号 JZD16JX-01-04		第1页 共1页	
材料牌号 S235	材料规格	毛坯种类	毛坯规格	每件毛坯重量	每件零件重量	过程工时定额/h		
每台件数 ×××								
工序号	工序名称	工序内容	设备名称	工艺装备 刀具名称及编号	量具名称及编号	工具名称及编号	工序执行审验 检查	签名
1	检查	检查毛坯尺寸是否符合加工要求			游标卡尺			
2	铣	1. 将一大面铣平作为第一基准面	立铣	端面铣刀				
		2. 将基准面相邻的长边铣平，作为第二基准面	立铣	端面铣刀				
		3. 将另一大面铣平，保证其与第一基准面的尺寸为29.5 mm（0.5 mm为台阶铣削的加工余量）	立铣	端面铣刀	游标卡尺			
		4. 将第二基准面相对的面铣平，保证尺寸48 mm	立铣	端面铣刀	游标卡尺			
		5. 将剩余两面铣平，保证尺寸 $80_{-0.300}^{0}$ mm	立铣	端面铣刀	游标卡尺			
3	钳	1. 按照图纸划线，去除台阶23 mm×17 mm。注意留铣削余量1~2 mm	立钻	麻花钻	深度尺	划针、手锯、锉刀		
		2. 锯锉粗加工21 mm 的开口槽，打孔保证 R3 mm	立钻	麻花钻	游标卡尺	手锯、锉刀		

机械加工工艺过程卡

产品名称	平口钳	产品型号		零件名称	滑块	零件图号	JZD16JX-01-04	第1页
×××	每台件数							共1页
材料牌号	S235	材料规格	毛坯种类	毛坯规格	每件毛坯重量	每件零件重量	过程工时定额/h	备注

工序号	工序名称	工序内容	设备名称	工艺装备				工序执行审验	
				夹具名称及编号	刀具名称及编号	量具名称及编号	工具名称及编号	检查	签名
4	铣	1. 铣削台阶 23 mm×17 mm 到尺寸			立铣刀	深度尺			
		2. 铣削台阶 6 mm×30 mm 至尺寸，保证尺寸公差	钻铣			游标卡尺			
5	钳	1. 划 2-M5 的孔中心线，打样冲，钻底孔，攻丝	立钻		麻花钻 丝锥	高度尺	样冲		
		2. 锉削斜面至尺寸				角度尺	锉刀		
		3. 在钻铣床上钻孔 φ10 mm	钻铣		麻花钻	游标卡尺			
6	检查	检查所有加工尺寸是否合格							

编制	日期	评定	会签	日期
班级	姓名	学号		

表2-3-2　固定块工艺卡

×××	机械加工工艺过程卡		产品名称	平口钳	产品型号		零件名称	固定块	零件图号	JZD16JX-01-05	第1页
											共1页
每台件数	材料牌号	材料规格	毛坯种类	毛坯规格	每件毛坯重量		每件零件重量		过程工时定额/h		备注
	S235										
工序号	工序名称	工序内容	设备名称	工艺装备						工序执行审验	
				夹具名称及编号	刀具名称及编号	量具名称及编号	工具名称及编号			检查	签名
1	检查	检查毛坯尺寸是否符合加工要求				游标卡尺					
2	铣	1. 选择一个大面铣平，作为第一基准面	立铣		端面铣刀						
		2. 将第一基准面的一相邻面铣平，作为第二基准面	立铣		端面铣刀						
		3. 铣削第二基准面的相邻面，保证其与第一基准面的厚度尺寸为23 mm	立铣		端面铣刀	游标卡尺					
		4. 铣削第四面，保证其与第二基准面的厚度尺寸为24 mm	立铣		端面铣刀	游标卡尺					
		5. 铣削两端面，保证尺寸 $80^{~0}_{-0.300}$ mm	钻铣		端面铣刀	游标卡尺					
3	钳	1. 在基准面上划2-ϕ8 mm与M6底孔的中心线（M6靠近第二基准面），打样冲				高度尺	样冲				
		2. 钻M6底孔并攻丝（ϕ8H7的孔不钻，等装配的时候与底板进行配钻配铰）	立钻		麻花钻 丝锥	螺纹通止规					
4	检查	检查所有加工尺寸是否合格				游标卡尺					
班级	姓名	学号			编制		日期	评定		会签	日期

二、 学习巩固

（1）分别写出切削刀具标注"HC－K20N－M"每个字母、数字及字母组合代表的含义。

HC：

K：

20：

N：

M：

（2）_____ 、_____和_____ 三者称为切削用量。它们是影响工件加工质量和生产效率的重要因素（又称切削三要素），其代表符号分别是_____、_____、_____。

（3）什么是切削速度？它的计算公式是什么？

（4）若在 45 钢上用 $\phi 6$ 的钻头钻孔，应将转速调为多少？（列出计算公式）

（5）立铣刀与键槽铣刀的区别有哪些？

（6）标出如图 2-3-4 所示铣刀的名称。

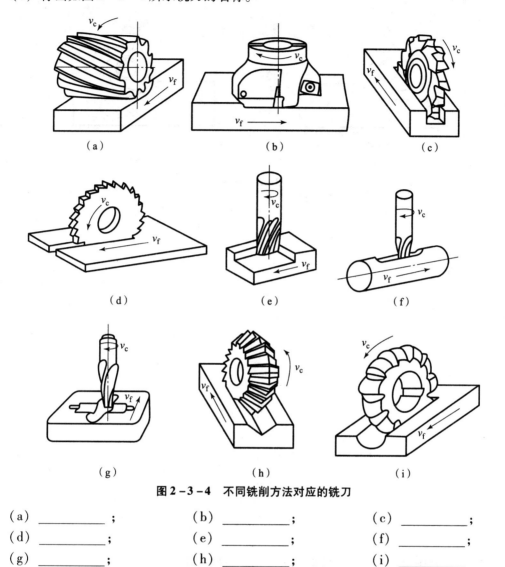

（a）　　　　　　　（b）　　　　　　　（c）

（d）　　　　　　　（e）　　　　　　　（f）

（g）　　　　　　　（h）　　　　　　　（i）

图 2-3-4　不同铣削方法对应的铣刀

（a）＿＿＿＿＿＿；　　　（b）＿＿＿＿＿＿；　　　（c）＿＿＿＿＿＿；

（d）＿＿＿＿＿＿；　　　（e）＿＿＿＿＿＿；　　　（f）＿＿＿＿＿＿；

（g）＿＿＿＿＿＿；　　　（h）＿＿＿＿＿＿；　　　（i）＿＿＿＿＿＿

（7）为表 2-3-3 中的三种刀具选择合适的切削参数。

表 2-3-3　刀具切削参数

刀具	v_c	n	f_t	v_t
V 型铣刀 $\phi80$，32 齿（高速钢）				
面铣刀 $\phi80$， 6 齿（硬质合金）				
三面刃铣刀，$\phi100$， 16 齿（高速钢）				

（8）在如图2-3-5所示下方区分并标注铣削方法，并分别描述它们的优点与缺点。

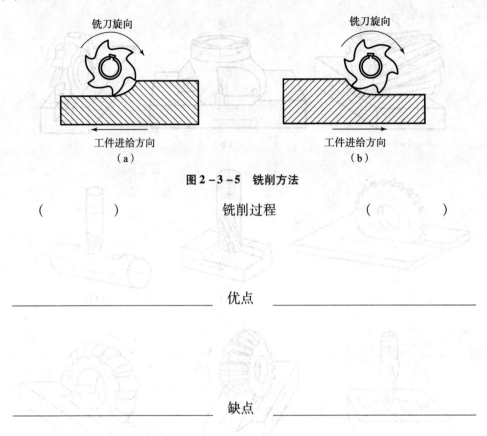

图2-3-5　铣削方法

（　　　　）　　　　铣削过程　　　　（　　　　）

_____ 优点 _____

_____ 缺点 _____

（9）请计算固定块加工后的质量（可以不考虑螺纹孔）。

（10）绘制工人的时间类型结构图（生产计划-时间核算）。

三、检查与评价

检查与评价及分值计算见表2-3-4~表2-3-6。

表2-3-4　操作检查与评价

操作检查			标准：采用10-9-7-5-0分制给分		
序号	零件名称	检查项目	学生自评	教师评分	备注
1	滑块、固定块	按照加工工艺顺序正确加工			
2	滑块、固定块	铣削面的表面状态			
3	滑块	倒角符合专业要求			
4	滑块、固定块	实训过程符合6S规范			
5	滑块、固定块	安全操作			
			小计分		
	总分 =		小计分×2		

表2-3-5　尺寸检查与评价

尺寸检查			标准：采用10或0分制给分				
序号	零件名称	检查项目	学生自测			教师测评		教师评价
			实际尺寸	达到要求		实际尺寸	达到要求	
				是	否		是	否	
1	滑块	$80_{-0.300}^{0}$ mm						
2	滑块	30h9（0/-0.050）						
3	滑块	台阶6D10（+0.080/+0.030）						
4	固定块	24 mm±0.100 mm						
5	固定块	垂直度0.05 mm						
						小计分		
		总分 =				小计总分		

注：尺寸检查成绩由加工质量分和判断分组成。

表2-3-6　任务分值计算

操作检查	最终总得分×0.2	
尺寸检查	最终总得分×0.6	
理论检查	最终总得分×0.2	
任务最终成绩		

任务四　手柄与螺杆加工

学习目标	知识目标	<ul><li>车床的构造</li><li>常用车刀的种类和用途</li><li>滚花和套螺纹的基本技巧方法</li><li>常用量具的使用方法与注意事项</li><li>熟知车床的操作规程</li><li>了解车间车床保养维护的项目内容</li></ul>
	能力目标	<ul><li>能进行简单的车床加工操作</li><li>能正确进行车床的保养维护</li><li>能正确使用量具检测公差要求</li><li>具有掌握车件产品质量控制的能力</li></ul>

任务描述

（1）解析图纸，学习车床的构造和基本操作技能。

（2）根据图纸要求，完成手柄螺杆的加工，并在实训期间通过查阅相关资料填写理论知识问答。

（3）对所加工产品进行质量检查与评价。

一、任务图纸与工艺

手柄与螺杆的三维示意图如图2-4-1所示，手柄与螺杆的工程图如图2-4-2和图2-4-3所示，手柄与螺杆的工艺卡见表2-4-1和表2-4-2。

图2-4-1　手柄与螺杆的三维示意图

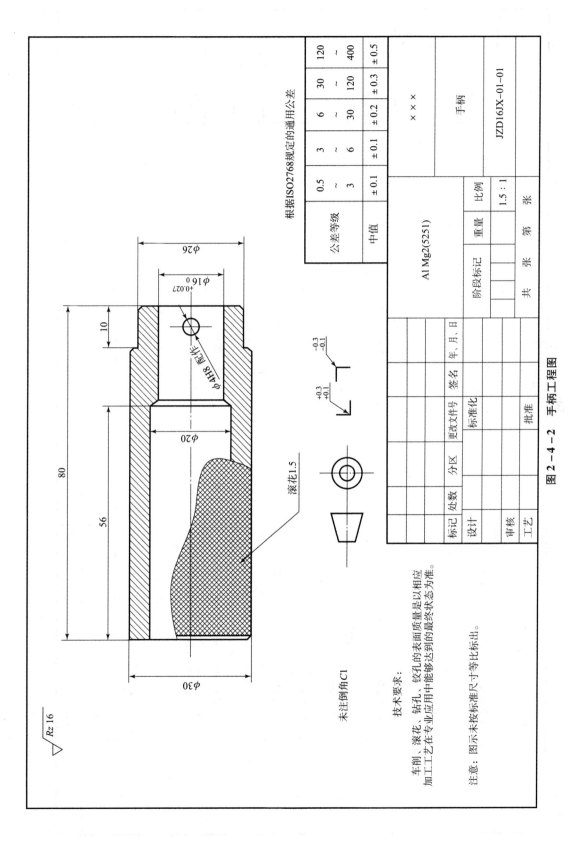

公差等级	0.5 ~ 3	3 ~ 6	6 ~ 30	30 ~ 120	120 ~ 400
中值	±0.1	±0.1	±0.2	±0.3	±0.5

根据ISO2768规定的通用公差

AlMg2(5251)

手柄

JZD16JX-01-01

				阶段标记		重量	比例
							1.5∶1
						共 张	第 张

标记	处数	分区	更改文件号	签名	年，月，日
设计					标准化
审核					
工艺					批准

+0.3
+0.1

−0.3
−0.1

$\sqrt{Rz\ 16}$

滚花1.5

$\phi 4H8$ 配作

$\phi 16^{+0.027}_{0}$

$\phi 26$

$\phi 20$

$\phi 30$

10

56

80

未注倒角C1

技术要求：

车削、滚花、钻孔、铰孔的表面质量是以相应加工工艺在专业应用中能够达到的最终状态为准。

注意：图示未按标准尺寸等比标出。

图2-4-2 手柄工程图

表 2 - 4 - 1　手柄工艺卡

×××	机械加工工艺过程卡		产品名称	产品型号	零件名称	零件图号	第　页 共　页
每台件数	材料牌号	材料规格	毛坯种类	毛坯规格	每件毛坯重量	每件零件重量	过程工时定额/h	备注

工序号	工序名称	工序内容	设备名称	工艺装备				工序执行审验	
				夹具名称及编号	刀具名称及编号	量具名称及编号	工具名称及编号	检查	签名
1	车	1. 车平端面,打中心孔	车床	钻夹头	车刀中心钻				
		2. 用回转顶尖顶住中心孔,粗车外圆 30 mm×90 mm	车床	回转顶尖	车刀				
		3. 滚花,长度≥85 mm	车床	回转顶尖	滚花刀				
		4. 粗、精车 φ26 mm×10 mm,倒角 C1	车床	回转顶尖	车刀				
		5. 钻 φ15.5 mm 的孔,深度≥85 mm	车床		锥柄麻花钻				
		6. 铰孔 φ16H8,深度 24 mm	车床		锥柄铰刀				
		7. 工件切断,掉头	车床		切断刀				
		8. 钻 φ20 mm 的孔,深度 56 mm	车床		锥柄麻花钻				
		9. 车端面,倒角 C1	车床		车刀				
		10. 检查							

班级	姓名	学号	编制	日期	评定	会签	日期

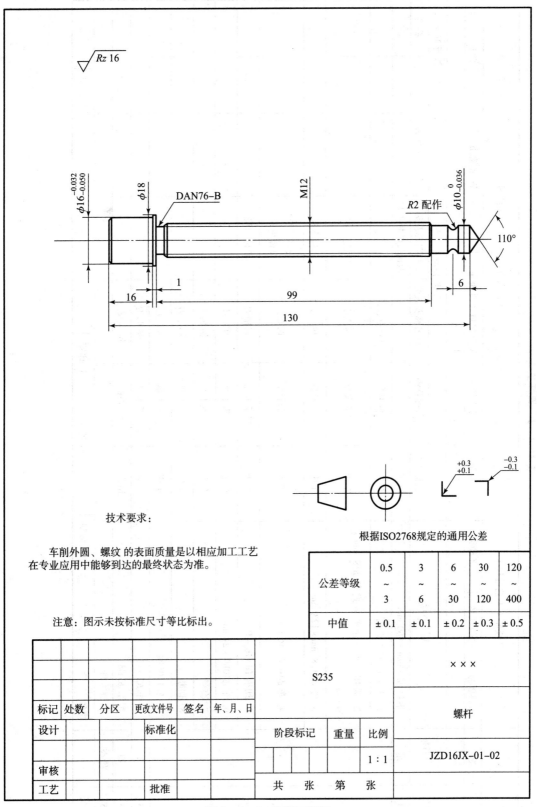

技术要求：

车削外圆、螺纹 的表面质量是以相应加工工艺在专业应用中能够到达的最终状态为准。

注意：图示未按标准尺寸等比标出。

根据ISO2768规定的通用公差

公差等级	0.5 ~ 3	3 ~ 6	6 ~ 30	30 ~ 120	120 ~ 400
中值	± 0.1	± 0.1	± 0.2	± 0.3	± 0.5

标记	处数	分区	更改文件号	签名	年、月、日				×××	
设计			标准化				S235		螺杆	
						阶段标记	重量	比例		
审核								1:1	JZD16JX-01-02	
工艺			批准			共 张 第 张				

图2-4-3 螺杆工程图

表2-4-2 螺杆工艺卡

机械加工工艺过程卡	产品名称		产品型号		零件名称		零件图号		第 页
	×××	每台件数	材料牌号	材料规格	毛坯种类	毛坯规格	每件毛坯重量	每件零件重量	过程工时定额/h

工序号	工序名称	工序内容	设备名称	工艺装备				过程工时定额/h	备注
				夹具名称及编号	刀具名称及编号	量具名称及编号	工具名称及编号	工序执行审验 检查 / 签名	
1	钳	下料 φ20 mm × 160 mm	锯床						
2	车	1. 车端面,打中心孔	车床	三爪卡盘	45°中心钻	钢板尺 游标卡尺			
		2. 采用一夹一顶的方式车 φ18 mm × 140 mm	车床	三爪卡盘	90°刀	外径千分尺			
		3. 车 φ11.8 mm × 123 mm	车床	三爪卡盘	90°刀	游标卡尺			
		4. 车 φ16e7 × 16 mm	车床	三爪卡盘	切断刀	外径千分尺 深度尺			
		5. 切槽 DIN76 – B	车床	三爪卡盘	切槽刀	游标卡尺			
		6. 车 φ10h9 × 24 mm	车床	三爪卡盘	90°刀				
		7. 套丝	车床	三爪卡盘	圆板牙				
		8. 切断	车床	三爪卡盘	切断刀				
		9. 车 110°锥	车床	三爪卡盘	45°刀				
3	车	配作 R2 mm	车床	三爪卡盘	成形刀				
4	钳	配作 φ3H8	钻床	台虎钳	钻头铰刀				
5	检查	检测工件							

编制	日期	审定	日期	会签	日期
班级	姓名	学号			

二、学习巩固

（1）写出如图 2 - 4 - 4 所示车床的名称。

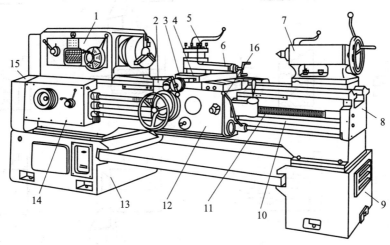

图 2 - 4 - 4 车床结构

（2）假如所用刀具材料为硬质合金，加工手柄 $\phi26$ mm 的车床转速是怎么确定的？请写出计算过程。

（3）切削液的主要作用是什么？写出三项即可。

（4）列举车床安全操作的具体措施。

（5）请指出如图2-4-5所示车床加工与所使用刀具的名称。

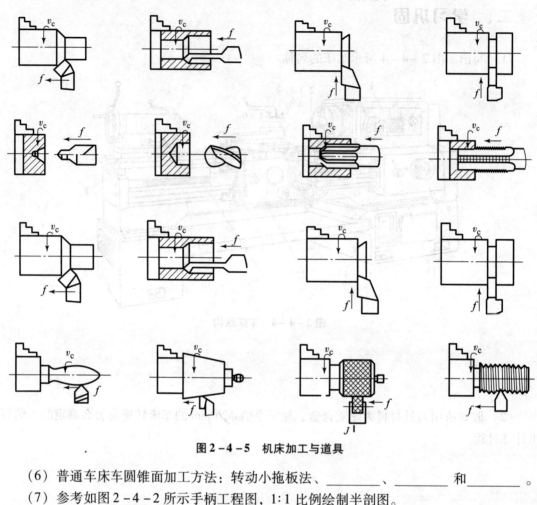

图2-4-5　机床加工与道具

（6）普通车床车圆锥面加工方法：转动小拖板法、_____、_____ 和_____。

（7）参考如图2-4-2所示手柄工程图，1:1 比例绘制半剖图。

（8）制造车刀的材料应该具备哪些性能？

（9）精车时为了减小表面粗糙度，主要采取的措施有哪些？

（10）请标出如图 2 - 4 - 6 所示的游标卡尺各部分的名称。

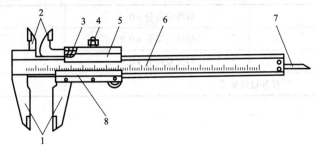

图 2 - 4 - 6　游标卡尺结构

1—_____；2—_____；3—_____；4—_____；5—_____；6—_____；7—_____；8—_____

三、检查与评价

检查与评价及分值计算见表 2 - 4 - 3 ~ 表 2 - 4 - 5。

表 2 - 4 - 3　操作检查与评价

操作检查			标准：采用 10 - 9 - 7 - 5 - 0 分制给分		
序号	零件名称	检查项目	学生自评	教师评分	备注
1	手柄、螺杆	按照加工工艺顺序正确加工			
2	手柄、螺杆	倒角符合专业要求			
3	手柄、螺杆	加工表面状态符合专业要求			
4	手柄、螺杆	实训过程符合 6S 规范			
5	手柄、螺杆	安全操作文明			
			小计分		
		总分 =	小计分 ×2		

表 2 - 4 - 4　尺寸检查与评价

尺寸检查						标准：采用 10 或 0 分制给分			
序号	零件名称	检查项目/mm	实际尺寸	学生自评		实际尺寸	教师测评		教师评分记录
				达到要求			达到要求		
				是	否		是	否	
1	手柄	$\phi 26_{-0.200}^{0}$							
2	手柄	$\phi 80_{-0.300}^{0}$							
3	手柄	$\phi 20_{-0.200}^{0}$							
4	螺杆	$\phi 10_{-0.036}^{0}$							
5	螺杆	$\phi 16_{-0.050}^{-0.032}$							
						小计分			
					总分 =	小计总分			

注：尺寸检查成绩由加工质量分和判断分组成。

表 2 - 4 - 5 任务分值计算

操作检查	最终总得分 ×0.2	
理论检查	最终总得分 ×0.2	
尺寸检查	最终总得分 ×0.6	
任务最终成绩		

任务五　底板与支腿加工

学习目标	知识目标	➤ 掌握尺寸公差的含义及保证方法 ➤ 掌握自由公差选取的一般原则 ➤ 掌握本任务零件的铣削工艺 ➤ 掌握铣、钻、钳等机床操作注意事项 ➤ 掌握平面磨床操作规程
	能力目标	➤ 能够读懂本任务图纸 ➤ 能正确区分顺、逆铣 ➤ 能正确使用量具检测尺寸公差 ➤ 能够正确、规范地手动攻 M5 螺纹孔 ➤ 能正确计算出刀具合理的切削参数

任务描述

（1）根据图纸要求，从划线到加工，合格完成底板与支腿。

（2）钳工部分，主要训练大家划线、打样冲、钻孔、手动攻丝等基础技能。

（3）铣削部分，主要训练大家工件装夹与定位，基准的选择，立铣、卧铣机床的基本操作，顺、逆铣的选择，铣削刀具参数的选择。

（4）磨削部分，主要训练大家对平面磨床的基本操作及注意事项。

（5）在实训期间通过查阅相关资料填写理论知识问答、补充画图并进行尺寸自检。

一、 任务图纸与工艺

底板与支腿的三维示意图如图 2－5－1 所示，底板与支腿的工程图如图 2－5－2 和图 2－5－3所示，底板与支腿的工艺卡见表 2－5－1 和表 2－5－2。

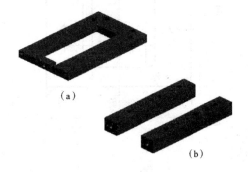

（a）

（b）

图 2－5－1　底板与支腿的三维示意图

（a）底板；（b）支腿

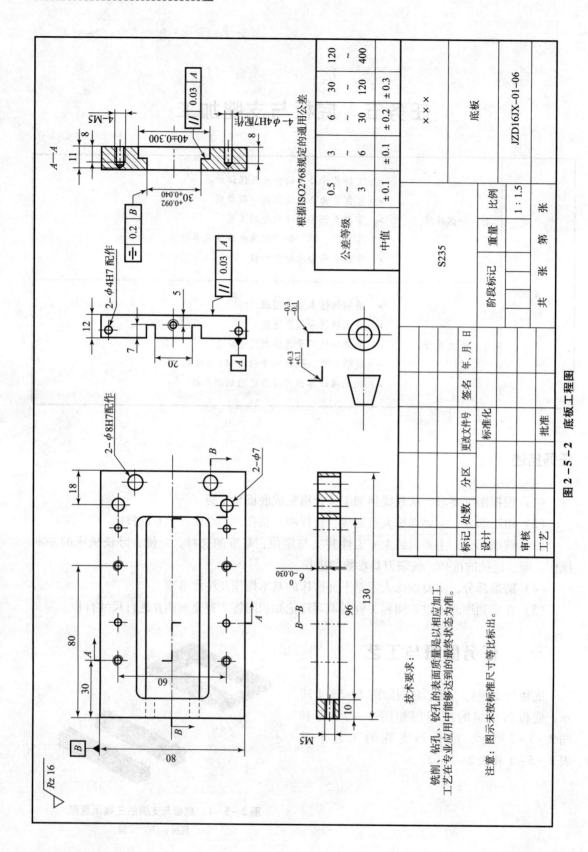

图 2 - 5 - 2　底板工程图

技术要求：
铣削、钻孔、铰孔的表面质量是以相应加工工艺在专业应用中能够达到的最终状态为准。

注意：图示未按标准尺寸等比标出。

表 2-5-1　底板的工艺卡

机械加工工艺过程卡		产品名称	手钳	产品型号		零件名称	底架上板	零件图号	JZD16JX-01-06	第1页 共1页
材料牌号	S235	材料规格		毛坯种类		毛坯规格		每件毛坯重量	每件零件重量	每台件数　×××

工序号	工序名称	工序内容	设备名称	夹具名称及编号	刀具名称及编号	量具名称及编号	工具名称及编号	过程工时定额/h	备注	检查	签名
1	检查	检查毛坯									
2	铣	1. 粗、精加工宽度80 mm至尺寸	铣床	平口钳	盘铣刀	卡尺					
		2. 粗、加工长度尺寸130 mm±0.1 mm，留1 mm精加工余量	铣床	平口钳	盘铣刀	卡尺					
3	钳	粗加工内型腔（去除材料），留精加工余量	钻床	平口钳							
4	铣	1. 精加工底板上面，精加工底板左端面	铣床	平口钳	φ30铣刀						
		2. 精加工底板下面，留0.2～0.5 mm磨削余量；精加工底板右端面，同时保证尺寸130 mm±0.1 mm	铣床		φ30铣刀	铣床					
5	钳	1. 划线、样冲	划针样冲								
		2. 打底孔、攻丝	钻床	钻床	M5丝锥	卡尺					
4	磨	磨削厚度12 mm，并保证平行度0.03 mm	磨床								
5	铣	1. 精加工内型腔，保证尺寸30E9、6h9	铣床	平口钳	φ12铣刀	深度尺					
		2. 清角	铣床	平口钳	φ6铣刀						
6	铣	铣槽	卧式铣床	平口钳	锯片铣刀	卡尺					
7	钳	倒角、去毛刺									
8	检查	检测、涂防锈油									

（工艺装备：夹具名称及编号　刀具名称及编号　量具名称及编号　工具名称及编号）
（工序执行审验：检查　签名）

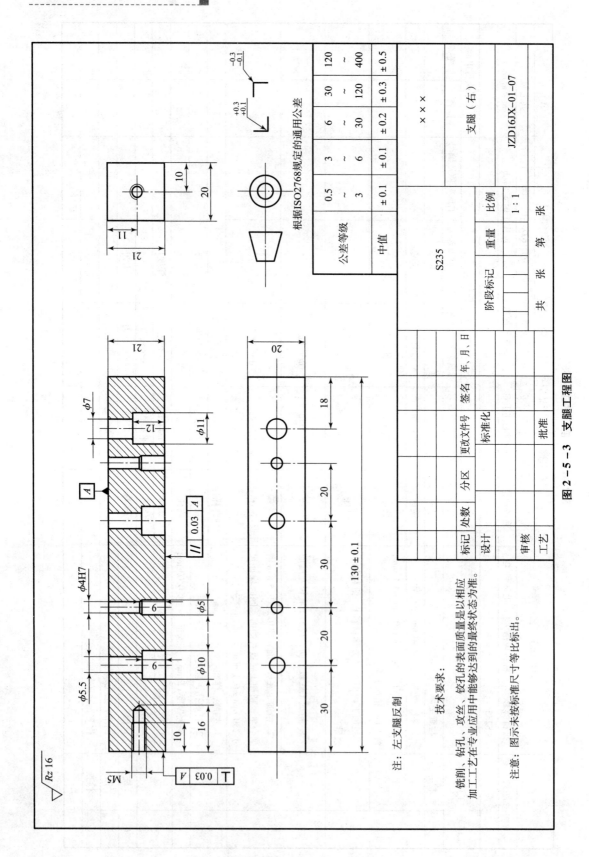

图 2－5－3 支腿工程图

根据ISO2768规定的通用公差

公差等级	0.5 ~ 3	3 ~ 6	6 ~ 30	30 ~ 120	120 ~ 400
中值	±0.1	±0.1	±0.2	±0.3	±0.5

S235

				× × ×	
				支腿（右）	
阶段标记		重量	比例		
			1：1	JZD16JX－01－07	
		共 张	第 张		

标记	处数	分区	更改文件号	签名	年、月、日
设计			标准化		
审核					
工艺			批准		

技术要求：

铣削、钻孔、攻丝、铰孔的表面质量是以相应加工工艺在专业应用中能够达到的最终状态为准。

注意：图示未按标准尺寸等比标出。

注：左支腿反制

φ7
φ11
φ4H7
φ5
φ5.5
φ10
M5

// 0.03 A

⊥ 0.03 A

A

Rz 16

130±0.1

−0.3
−0.1

+0.3
+0.1

+0.3
+0.1

表2-5-2　支腿的工艺卡

×××	机械加工工艺过程卡		产品名称	手钳	产品型号		零件名称	左右支腿	零件图号	JZD16JX-01-07	第1页	
每台件数	材料牌号	S235	材料规格		毛坯种类		毛坯规格		每件毛坯重量	每件零件重量	过程工时定额/h	备注
工序号	工序名称	工序内容	设备名称	工艺装备				工序执行审验		
				夹具名称及编号	刀具名称及编号	量具名称及编号	工具名称及编号	检查	签名
1	检查	检查毛坯							
2	铣	1. 铣高度21 mm并留0.1~0.2 mm磨削余量，铣左端面并保证0.03 mm垂直度	铣床			卡尺			
		2. 铣宽度20 mm，铣右端面并保证长度尺寸130 mm±0.1 mm	铣床		φ30立铣刀	卡尺			
3	钳	1. 根据图纸划线，打样冲	划针样冲			高度尺			
		2. 根据图纸尺寸钻孔	钻床		钻头				
		3. 倒角、攻丝			丝锥				
4	磨	磨削21 mm，保证0.03 mm平行度	磨床			卡尺			
5	钳	倒角、去毛刺							
6	检查	检测、涂防锈油							
			编制		评定		会签		
班级	姓名	学号	日期				签名	日期	

二、 学习巩固

（1） 如图 2 - 5 - 4 所示，请根据支腿关系进行图纸补画。

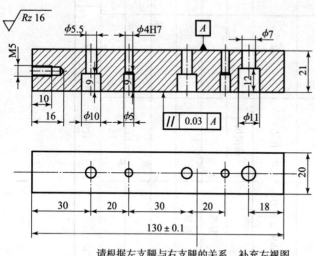

请根据左支腿与右支腿的关系，补充左视图

图 2 - 5 - 4 支腿工程图补图

（2）机动快速进给时，在靠近工件前应改为正常的_____，以防_____与_____产生撞击。

（3）一般零件的工序划分原则是什么？

（4）请绘出如图 2 - 5 - 2 所示底板 $B - B$ 的剖视图。

（5）针对支腿 $\phi 4H7$ 孔，钻头转速与铰刀转速分别是多少合理？铰孔有哪些注意事项？

（6）M5 螺纹底孔直径是多少？请尽可能详细叙述攻丝注意事项。

（7）请在表2-5-3中分别列出形状公差和定位公差并做说明。

表2-5-3 形状公差和定位公差

公差类别	形位特征代号	说明	公差类别	形位特征代号	说明
形状公差			定位公差		

（8）底板型腔宽度40 mm，计算台阶深度的最大极限尺寸及最小极限尺寸。

（9）铣床，一种用途广泛的机床，在铣床上可以加工平面、_____、分齿零件、_____及各种曲面。此外，还可用于对回转体_____、_____加工及进行切断工作等。

（10）用硬质合金立铣刀铣削底板平面（宽80 mm、毛坯余量1 mm）。计算底板加工的机动时间。

三、 检查与评价

检查与评价及分值计算见表2-5-4~表2-5-6。

表2-5-4 操作检查与评价

操作检查			标准：采用10-9-7-5-0分制给分		
序号	零件名称	检查项目	学生自评	教师评分	备注
1	底板、支腿	按照加工工艺顺序正确加工			
2	底板、支腿	铣削面平直、无伤痕			
3	底板、支腿	表面粗糙度符合专业要求			
4	底板、支腿	实训过程符合6S规范			
5	底板、支腿	安全操作			
			小计分		
		总分 =	小计分×2		

表2-5-5 尺寸检查与评价

尺寸检查			学生自评			教师测评			标准：采用10或0分制给分
序号	零件名称	检查项目/mm	实际尺寸	达到要求		实际尺寸	达到要求		教师评价
				是	否		是	否	
1	底板	厚度12±0.200							
2	底板	宽度80±0.300							
3	底板	型腔宽度30E9（+0.092/+0.040）							
4	底板	6h9（0/-0.030）							
5	底板	型腔宽度40±0.300							
						小计分			
			总分 =	小计总分					

注：尺寸检查成绩由加工质量分和判断分组成。

表2-5-6 任务分值计算

操作检查	最终总得分×0.2	
尺寸检查	最终总得分×0.6	
理论检查	最终总得分×0.2	
最终总得分		

任务六　平口钳装配

学习目标	知识目标	➢ 装配图的必备条件 ➢ 配合公差的含义 ➢ 销钉的作用及加工时的注意事项 ➢ 总装图和技术要求
	能力目标	➢ 能理解手钳的装配关系与顺序 ➢ 能正确使用装配工具 ➢ 能正确使用量具检测装配公差要求 ➢ 能够掌握销钉装配的加工步骤 ➢ 能用正确的方法解决装配误差

任务描述

（1）解析装配图，理顺装配关系。

（2）根据总装图要求，实施装配，完成"平口钳"，并在实训期间通过查阅相关资料填写理论知识问答及装配工艺卡。

（3）装配完成后检测装配公差，评价装配结果。

一、　任务图纸

平口钳的三维示意图如图 2 - 6 - 1 所示，平口钳装配工程图和各视图分解如图 2 - 6 - 2 ～ 图 2 - 6 - 6 所示。

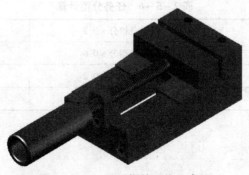

图 2 - 6 - 1　平口钳的三维示意图

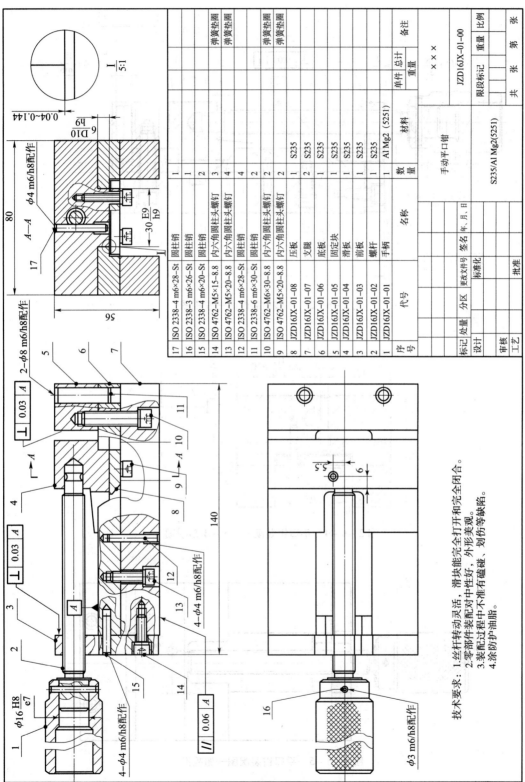

技术要求: 1.丝杆转动灵活, 滑块能完全打开和完全闭合。
2.零部件装配对中性好, 外形美观。
3.装配过程中不准有磕碰、划伤等缺陷。
4.涂防护油脂。

17	ISO 2338-4 m6×28-St	圆柱销	1			
16	ISO 2338-3 m6×26-St	圆柱销	1			
15	ISO 2338-4 m6×20-St	圆柱销	2			
14	ISO 4762-M5×15-8.8	内六角圆柱头螺钉	3			弹簧垫圈
13	ISO 4762-M5×20-8.8	内六角圆柱头螺钉	4			弹簧垫圈
12	ISO 2338-4 m6×28-St	圆柱销	4			
11	ISO 4762-M6×30-8.8	内六角圆柱头螺钉	2			弹簧垫圈
10	ISO 4762-M6×30-8.8	内六角圆柱头螺钉	2			弹簧垫圈
9	ISO 4762-M5×20-8.8	内六角圆柱头螺钉	2			
8	JZD16JX-01-08	压板	2	S235		
7	JZD16JX-01-07	支腿	2	S235		
6	JZD16JX-01-06	底板	1	S235		
5	JZD16JX-01-05	固定块	1	S235		
4	JZD16JX-01-04	滑板	1	S235		
3	JZD16JX-01-03	前板	1	S235		
2	JZD16JX-01-02	螺杆	1	S235		
1	JZD16JX-01-01	手柄	1	Al Mg2 (5251)		
序号	代号	名称	数量	材料	单件 / 总计	备注
					重量	

标记	处数	分区	更改文件号	签名	年, 月, 日		手动平口钳		JZD16JX-01-00
设计			标准化				S235/Al Mg2(5251)	限段标记	重量	比例
审核								×××		× × ×
工艺			批准					共 张	第 张

图 2-6-2 平口钳装配图

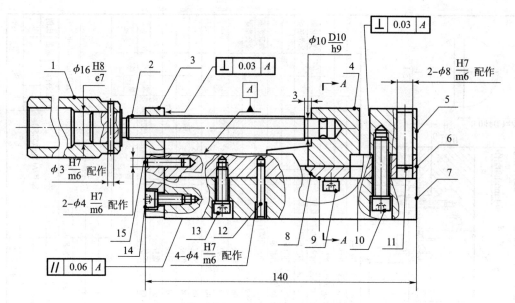

图 2 - 6 - 3　平口钳装配图—左视图

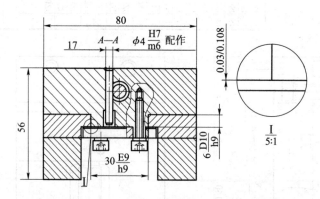

图 2 - 6 - 4　平口钳装配图—A - A 剖视图

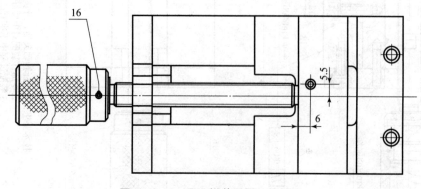

图 2 - 6 - 5　平口钳装配图—俯视图

表2-6-1　平口钳装配图-零部件明细表

17	ISO 2338 - 4 m6 × 28 - St	圆柱销	1				
16	ISO 2338 - 3 m6 × 26 - St	圆柱销	1				
15	ISO 2338 - 4 m6 × 20 - St	圆柱销	2				
14	ISO 4762 - M5 × 15 - 8.8	内六角圆柱头螺钉	3				弹簧垫圈
13	ISO 4762 - M5 × 20 - 8.8	内六角圆柱头螺钉	4				弹簧垫圈
12	ISO 2338 - 4 m6 × 28 - St	圆柱销	4				
11	ISO 2338 - 8 m6 × 30 - St	圆柱销	2				
10	ISO 4762 - M6 × 30 - 8.8	内六角圆柱头螺钉	2				弹簧垫圈
9	ISO 4762 - M5 × 20 - 8.8	内六角圆柱头螺钉	2				弹簧垫圈
8	JZD16JX - 08	压板	1	S235			
7	JZD16JX - 07	支腿	2	S235			
6	JZD16JX - 06	底板	1	S235			
5	JZD16JX - 05	固定块	1	S235			
4	JZD16JX - 04	滑块	1	S235			
3	JZD16JX - 03	前板	1	S235			
2	JZD16JX - 02	螺杆	1	S235			
1	JZD16JX - 01	手柄	1	Al Mg2 (5251)			
序号	代号	名称	数量	材料	单件	总计	备注
					重量		

二、装配工艺实施过程

平口钳的装配工艺实施过程见表2-6-2。

表2-6-2　平口钳的装配工艺实施过程

实施步骤	三维示意图	要点解读	使用设备、刀具、工具
步骤1		1. 用螺栓连接底板与固定块； 2. 调整固定块左右对称，外端面对齐； 3. 拧紧螺栓，钻孔 ϕ7.8 mm，孔口倒角； 4. 铰孔 ϕ8H7； 5. 压入圆柱销	钻床 扳手 铜棒 钻头 铰刀 倒角器 手锤 塞尺 车床 $R2$ 成形刀

实施步骤	三维示意图	要点解读	使用设备、刀具、工具
步骤2		1. 用螺栓连接底板与左右支腿； 2. 调整支腿与底板左右对齐，端面与底板左端面对齐并检测垂直度； 3. 拧紧螺栓，钻盲孔 ϕ3.8 mm、台阶孔 ϕ5 mm； 4. 铰 ϕ4H7 盲孔； 5. 孔口倒角，压入圆柱销	
步骤3		1. 用螺栓连接滑块与压板； 2. 检测装配间隙； 3. 检测滑动行程	
步骤4		1. 用螺栓连接前板； 2. 旋入 m12 螺杆，前板调整至滑块开、合都可以与螺杆连接； 3. 前板打销孔 ϕ4H8，压入圆柱销； 4. m12 螺杆拧紧，与滑块配作销孔 ϕ4H7	钻床 扳手 铜棒 钻头 铰刀 倒角器 手锤 塞尺 车床 R2 成形刀
步骤5		1. 根据铰孔痕迹车削沟槽 $R2 + 0.05/0.1$； 2. 手柄与螺杆配钻 ϕ2.9、铰孔 ϕ3H7； 3. 手柄与螺杆用 ϕ3 mm 圆柱销连接	
步骤6		1. 旋入螺杆，与滑块连接； 2. 压入 ϕ4 mm 圆柱销	
步骤7		1. 转动手柄，滑块随螺杆移动，能实现完全打开和完全闭合； 2. 固定块打标识（学号）； 3. 表面清理，涂防锈油	

三、 学习巩固

（1）描述图纸的用途：

①总装图：

②分解图：

③零件图：

（2）列出零件清单中的必备条件。

（3）如图 2 - 6 - 6 所示，把手柄旋转时能移动的零部件用蓝色填涂。

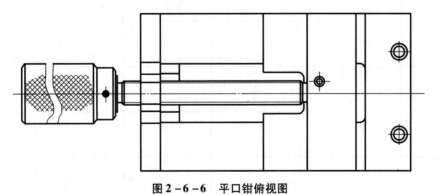

图 2 - 6 - 6 平口钳俯视图

（4）装配过程中圆柱销的主要作用是什么？简述装配工艺过程。

（5）根据总装图描述基准 A 的位置和相关零件的形位公差要求。

（6）根据图纸已知条件查阅资料，填表2-6-3。

表2-6-3　尺寸要求

标注尺寸	配合特征	公差代号	公差	最大极限尺寸	最小极限尺寸
φ10	基轴制松转动配合	D10	+0.098 +0.040	10.098	10.040
		h9	0 -0.036	10.000	9.964
φ8					
6					
30					
φ16					

（7）计算滑块最大行程。

（8）如果让你购买这款产品，你希望它是什么样的。请估算你制作这个平口钳的成本价格。

（9）参考装配工艺实施过程，编写装配工艺卡，如表 2 - 6 - 4 所示。

表2-6-4 平口钳工艺卡

机械加工工艺过程卡	产品名称 平口钳	产品型号	零件名称	零件图号	第1页 共1页
材料牌号	材料规格	毛坯种类	毛坯规格	每件毛坯重量	每件零件重量	每台件数	过程工时定额/h	备注

工序号	工序名称	工序内容	设备名称	工艺装备			工序执行审验	
				夹具名称及编号	刀具名称及编号	量具名称及编号	工具名称及编号	检查	签名

×××	班级	姓名	学号	编制	日期	评定	日期	合签	日期

（10）简述个人对实训过程中的认知和不足之处。

①对切削参数、刀具的认知：

②对机械设备的认知：

③对零件质量意识的认知：

④对 6S 管理实施的认知：

⑤实训过程中出现的错误、造成的直接影响和改进措施：

四、 检查与评价

检查与评价及分值计算见表 2-6-5~表 2-6-7。

表 2-6-5　操作检查与评价

操作检查			标准：采用 10-9-7-5-0 分制给分		
序号	名称	检查项目	学生自评	教师评分	备注
1		按照工艺顺序正确装配			
2		所有零部件装配正确			
3	手钳	无毛刺			
4		实训过程符合 6S 规范			
5		安全操作			
			小计分		
		总分 =	小计分 ×2		

表 2-6-6　尺寸检查与评价

尺寸检查				标准：采用 10 或 0 分制给分				
序号	零件名称	检查项目/mm	实际尺寸	学生自评		实际尺寸	教师测评		教师评分记录
				达到要求			达到要求		
				是	否		是	否	
1	手钳	尺寸 $30_{0.040}^{+0.144}$							
2		尺寸 $6_{0.065}^{0.169}$							
3		平行度 0.06 mm，检测点间距 100							
4		固定块与底板的垂直度 0.03							
5		滑块与底板垂直度 0.03							
				小计分					
				总分 =	小计总分				

注：尺寸检查成绩由加工质量分和判断分组成。

表 2-6-7　任务分值计算

操作检查	最终总得分 ×0.2	
理论成绩	最终成绩 ×0.2	
尺寸检查	最终总得分 ×0.6	
任务最终成绩		

任务七　成果展示

一、实训项目考评成绩

评价＼项目	任务一	任务二	任务三	任务四	任务五	任务六	任务七	合计
任务成绩								
					项目总成绩＝任务成绩之和/7			

二、产品自我推介

　　总结实训过程的得失，从产品功能、材料、加工设备、加工过程、工艺复杂程度、自我收获、功能介绍、产品定位、价格定位等方面详细介绍，并提供产品使用说明书，要求图文并茂，并制作PPT展示。（前提是零件加工合格、组装合理、外形美观且功能实现）